湖北省培养紧缺技能人才开发项目系列教材

模具的维护与保养一体化实训教程

编写人员名单

主　编　林　涛

副主编　丁新卓　林　凯

参　编　陈　盛　王泽友　马　磊

中国劳动社会保障出版社

图书在版编目（CIP）数据

模具的维护与保养一体化实训教程 / 湖北省人才事业发展中心组织编写．-- 北京：中国劳动社会保障出版社，2023

湖北省培养紧缺技能人才开发项目系列教材

ISBN 978-7-5167-6086-4

Ⅰ.①模… Ⅱ.①湖… Ⅲ.①模具-维修-技术培训-教材②模具-保养-技术培训-教材 Ⅳ.①TG76

中国国家版本馆 CIP 数据核字（2023）第 226729 号

中国劳动社会保障出版社出版发行

（北京市惠新东街 1 号　邮政编码：100029）

*

北京市科星印刷有限责任公司印刷装订　　新华书店经销

787 毫米 × 1092 毫米　16 开本　10.5 印张　187 千字

2023 年 12 月第 1 版　　2023 年 12 月第 1 次印刷

定价：58.00 元

营销中心电话：400-606-6496

出版社网址：http://www.class.com.cn

版权专有　　侵权必究

如有印装差错，请与本社联系调换：（010）81211666

我社将与版权执法机关配合，大力打击盗印、销售和使用盗版图书活动，敬请广大读者协助举报，经查实将给予举报者奖励。

举报电话：（010）64954652

序　言

"技术工人队伍是支撑中国制造、中国创造的重要力量。""工业强国都是技师技工的大国，我们要有很强的技术工人队伍。""大力弘扬劳模精神、劳动精神、工匠精神，激励更多劳动者特别是青年一代走技能成才、技能报国之路，培养更多高技能人才和大国工匠，为全面建设社会主义现代化国家提供有力人才保障。"党的十八大以来，习近平总书记始终高度重视关心技能人才，多次作出重要指示批示，在许多场合、多个会议反复强调要加强技能人才队伍建设，为做好新时代技能人才工作指明了方向、提供了遵循。时代需要高技能人才，时代呼唤更多高技能人才。

技术技能水平的提高是一个系统工程，好的教材对技术技能水平的提高至关重要。多年来，湖北省人力资源和社会保障厅围绕国家高技能人才振兴计划和技能人才培养创新项目，面向经济社会发展亟须紧缺职业（工种），组织开展品牌专业评审和精品教材开发，致力于服务技工教育和职业技能培训。

2021年，湖北省人力资源和社会保障厅组织全省技工院校骨干教师精心编写了湖北省培养紧缺技能人才开发项目系列教材。系列教材以推动构建"51020"现代产业体系为目标，重点对接光电子信息、新能源与智能网联汽车、生命健康、高端装备和北斗产业等湖北省五大优势产业。教材编写坚持需求导向，强化技能培训，借鉴学习了一体化课程教学改革理念，注重融入职业精神、工匠精神，旨在培养实用型技能人才，提升就业帮扶效率。

本系列教材的开发，是湖北省技工院校开展一体化课程教学改革的积极探索和有益尝试，是湖北省技工教育和职业培训最新教学成果的展示。期望教材的出版既能为技工院校在校师生提供内容先进、论述系统并适用于教学的参考书，也能成为广大技能人才知识更新与继续学习的参考资料。

2023年1月

前　言

为了深化模具制造专业一体化教学改革，努力提高学生专业知识和技能，切实满足社会对技术技能人才的需要，我们组织行业、企业专家和骨干教师反复讨论研究，在充分调研技工院校实训基地人才培养和培训模式以及企业技能人才岗位能力需求的基础上，吸收和借鉴当前较为成熟的人才培养理念，编写了本教程。其特色如下。

- 与企业需要接轨。在教程编写过程中，充分考虑企业的培训和用人需求，尽量选取企业真实的有代表性的案例，构建以任务为引领的教学活动，将理论与操作技能、引导练习与考核评价有机结合起来，体现了行动导向的新理念。

- 保证先进性和规范性。根据相关专业领域的最新发展，吸纳了新知识、新技术、新设备、新材料、新方法等内容，尽量采用最新的国家技术标准，保证教材的先进性。

- 重视实践能力的培养。根据模具专业岗位能力的要求，合理安排学生应具备的技能和知识结构，采用了很多贴近企业实际的引导问题练习与能力拓展训练环节，强化了实践性教学内容，使之更加符合职业教育和职业培训的基本规律，着力培养学生分析问题、解决问题的综合职业能力，通过模具知识链接和拆装维修技能等练习，将工匠精神贯穿于学习活动中。

- 形式呈现多样化。编写过程中采用了真实的模具实物图形与表格，针对重点学习活动还设计了能力拓展内容，将各知识技能点生动地展示出来，力求给学生营造更加直观的认知环境，提高学生学习兴趣和创新能力。

本教程由随州技师学院林涛主编，丁新卓、林凯为副主编，随州技师学院陈盛、王泽友、马磊参与编写。本书得到了湖北省人才事业发展中心的大力支持，在此我们表示诚挚的谢意！

由于编者水平有限，加上时间仓促，错误和不足之处在所难免，敬请读者提出宝贵意见，以便今后改进。

目录
CONTENTS

学习任务一　模具基础……………………………………………………… 3
　学习活动一　认识模具…………………………………………………… 4
　学习活动二　模具常用工具、量具与拆装……………………………… 15
　学习活动三　成果展示与评价…………………………………………… 40

学习任务二　冲压模具的维护与保养……………………………………… 43
　学习活动一　冲压、冲压设备与冲压模具的安装……………………… 44
　学习活动二　冲压模具的分类、组成、装配与故障处理……………… 51
　学习活动三　冲压模具的保管与技术状态鉴定………………………… 66
　学习活动四　冲压模具维护保养的流程及项目………………………… 76
　学习活动五　成果展示与评价…………………………………………… 84

学习任务三　锻造模具的维护与保养……………………………………… 87
　学习活动一　锻造及锻造设备…………………………………………… 88
　学习活动二　锻造模具的分类、结构与模锻基本工序………………… 95
　学习活动三　锻造模具常见失效形式与维修方法……………………… 104
　学习活动四　锻造模具的维护保养内容与管理要求…………………… 114
　学习活动五　成果展示与评价…………………………………………… 120

学习任务四　注射成形模具的维护与保养………………………………… 123
　学习活动一　塑料制品与注射成形……………………………………… 124
　学习活动二　注射模的分类与结构……………………………………… 130
　学习活动三　注射成形制品常见缺陷与注射模维修…………………… 140
　学习活动四　注射模维护保养的内容与注意事项……………………… 151
　学习活动五　成果展示与评价…………………………………………… 157

参考文献……………………………………………………………………… 159

学习目标与任务

学习目标

1. 能够严格执行模具维护与保养的安全操作规程。
2. 了解冲压模具、锻造模具、注射成形模具的分类、结构及功能，并具备拆装能力。
3. 掌握模具维护保养技术要求，并能对典型模具进行维护与保养。
4. 能够正确分析典型模具的失效形式和技术状态，拟定维护与保养方法步骤，解决模具失效问题。
5. 能够通过实训、练习、讨论等方法完成学习活动，并对学习任务的完成情况进行总结和多维度评价。
6. 具有良好的职业道德规范、爱岗敬业、精益求精，牢固树立安全意识、质量意识、创新意识和工匠精神，提升团队协作能力。

学习任务

1. 在接到模具维护与保养任务后，到模具实训室或企业生产现场，了解产品不合格现象，办理模具领用手续，查阅模具精度影响产品质量的相关资料，诊断产品不合格产生的原因，提出解决方案，确定模具维修的内容，并填写维护记录。
2. 通过对典型模具的拆装练习，复原模具装配维修过程，正确识读主要模具零件图和装配图，拟定合理的模具维护保养工艺方案，准备必要的维护工具、量具和辅具等，并对模具的技术工作状态进行测量、鉴定和分析，详细记录维护与保养资料。
3. 充分认识模具的合理使用、维护、保养与管理对延长模具使用寿命、降低产品成本、提高产品质量、改善模具的技术状态至关重要，是保证模具正常生产的一项重要工作。

模具基础

学习活动一　认识模具 /4

学习活动二　模具常用工具、量具与拆装 /15

学习活动三　成果展示与评价 /40

任务描述

学生从模具实训中心按程序领取模具,在教师的指导下,以学习小组的形式了解工作任务、学习环境,通过查询工作手册、模具图样、模具仿真软件等手段,认识并熟悉模具的种类、结构、作用、特点及适用场合,结合模具使用场合分析模具技术状态和失效形式,初步了解模具维护保养方案和流程,列出常用工具、量具清单,对模具进行拆卸、检查、装配和调试。

学习活动一 认 识 模 具

学习目标

1. 了解模具的分类方法,并能结合实际简要概述模具的用途。
2. 结合模具结构,分析模具各部分的功能。
3. 能够结合模具类型提出模具修理方案和流程。

模具是工业生产上用注射、吹塑、挤出、压铸、冶炼等方法得到所需产品的各种模型和工具,是在外力(静压力、冲击力、爆炸力等)作用下使坯料成为有特定形状和尺寸制件的工具。

对于一些形状复杂、难以用其他加工方式生产的产品,利用模具生产就变得非常容易。模具还具有生产率高、产品一致性好、产品质量优的特点,因此应用极为广泛,适用于汽车、自行车、电子仪表、机器人、工程机械、日用器具等产品的批量生产。

一、模具的分类及结构

1. 模具的分类

(1) 根据制作模具的材料是否为金属可将模具分为金属模具和非金属模具。金属模具分为冲压模具(如冲裁模具、弯曲模具、拉深模具、翻边模具、缩孔模具、起伏模具、胀形模具、整形模具等）、挤压模具、压铸模具、锻造模具、铸造模具、粉末冶金模具等，非金属模具分为塑料模具和无机非金属模具等。塑料模具一般可分为注射成形模具、挤塑成形模具、气压辅助成形模具等。随着高分子塑料技术的快速发展，塑料模具与人们的生活密切相关，逐步得到广泛应用。

（2）根据生产材料的不同可将模具分为塑料模具（见图1-1-1）、金属冲压模具（见图1-1-2）、陶瓷模具、玻璃模具、玻璃钢模具、橡胶制品模具、砂型模具、石蜡模具、食品模具等。

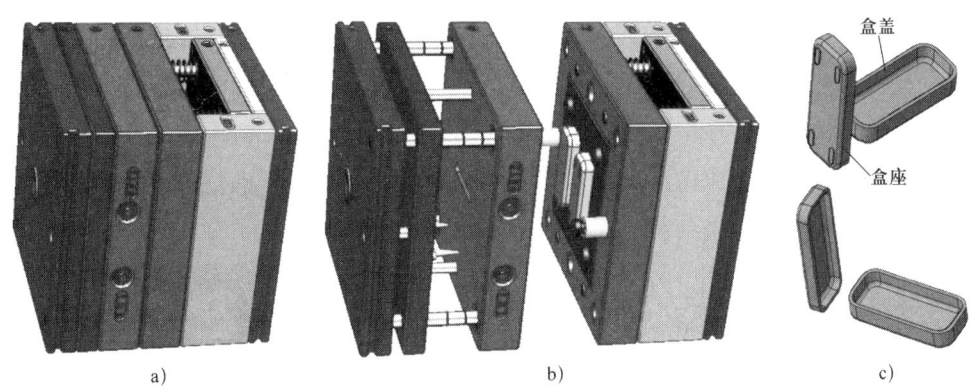

图1-1-1　长方盒注射模具
a）锁模状态　b）注射成形并开模　c）制件

2. 模具基本结构

一般情况下，模具除其成形部分外，还需要模座、模架、模芯、制件顶出装置、导向装置、定位装置及其他辅助装置（如推料装置、压紧装置、冷却系统、液压气动系统及传感器等），如图1-1-3所示。但也有一些简易的模具没有导向装置，只有模架、工作部分、卸料装置等。

图1-1-2　五金落料模具

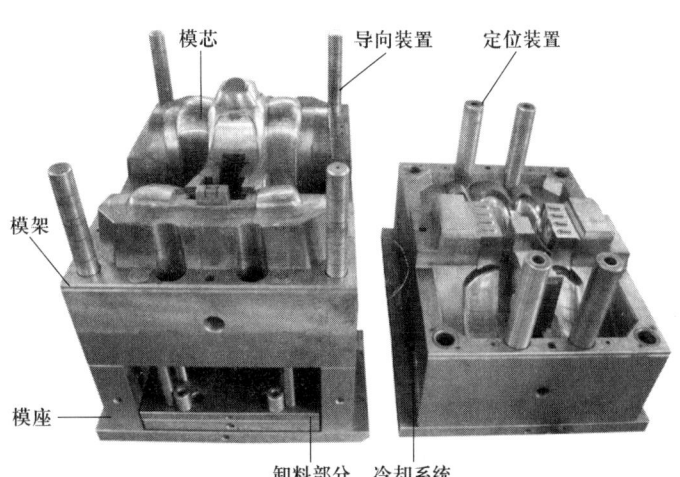

图1-1-3　电水壶柄（一模二件）注射模具结构图

二、模具的失效形式

所谓模具的失效形式,就是使模具丧失使用能力的某些损伤形式。一副模具在使用过程中,可能同时或先后出现多种损伤形式。影响模具零件失效的因素包括模具结构、被加工制件条件(如材质、温度、硬度、形状及复杂程度等)、模具材料及热处理工艺、模具的维护与保养等。分析模具失效的形式和原因对正确使用模具、保养模具、选用模具材料及热处理工艺有着重要的指导意义。

1. 模具失效的基本形式

大多数模具出现损伤后不会立即丧失其使用性能,当在损伤、磨损发展到影响模具的正常工作或生产出废品时,才会停止使用。冲压、锻造模具在工作中的失效形式包括磨损、塑性变形、疲劳、裂纹、啃伤、断裂及开裂等,其中磨损失效是冲压模具的主要失效形式,变形失效主要指塌陷、镦粗、弯曲等。冲压模具、锻造模具、注射模具因其受热条件、制件材料、工作状态各不相同,其失效形式也有所区别。冲压模具的失效形式如图 1-1-4 所示。

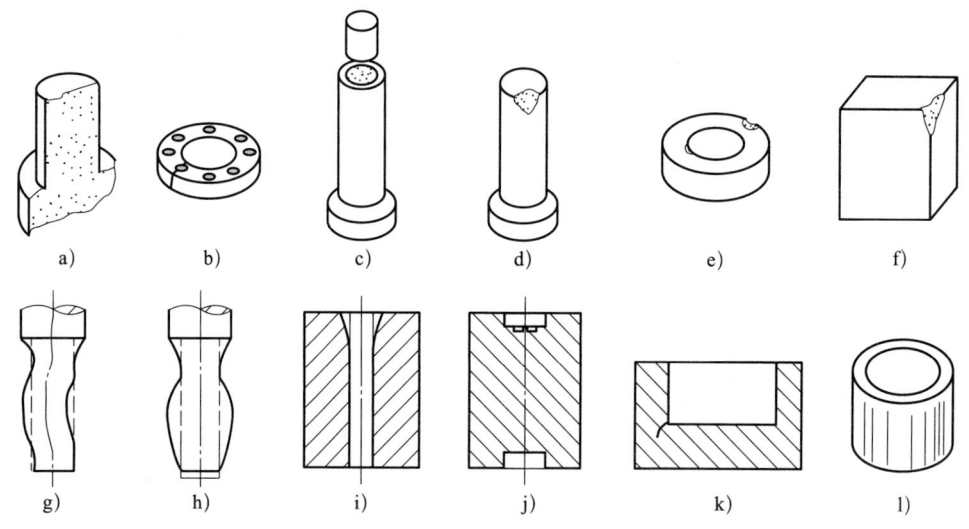

图 1-1-4 冲压模具的失效形式

a) 轴向整体断裂 b) 径向局部开裂 c) 径向局部断裂 d) 凸模局部崩刃 e) 凹模局部崩刃
f) 尖角处崩刃 g) 轴线弯曲 h) 中间墩粗 i) 孔口胀大
j) 型腔塌陷下沉 k) 应力集中处开裂 l) 磨损咬合

2. 模具失效分析

(1) 外观检查。针对模具的类别和工作环境,仔细检查模具上共有几种失效形式,分析损伤程度及造成原因。仔细观察裂纹的起始位置以及模具的表面质量,分析是否有造成应力集中的因素,检查模具工作部分、导向部分及其他装置是否有缺口、弯曲、变形、运动阻滞等现象。

（2）原材料复检。查验模具生产流程及技术文件，必要时需要其他部门协作复查原材料的化学成分、冶金质量以及力学性能（进行硬度试验、拉伸试验、韧性试验、疲劳试验、高温力学性能试验等）。

（3）断口分析。检查断口形状、裂纹的起始位置以及扩散方向，可借助电子显微镜了解晶粒的粗细程度，判断裂纹的形式是脆性断裂还是韧性断裂。

（4）硬度复查。检查零件的有效工作部位、表面硬度是否符合图样要求，但不得在零件表面质量要求高的部位进行检查。对于因塑性变形和磨损而失效的模具，应重点测量该部分的硬度。必要时，可进行金相组织检查或探伤检测。

（5）综合分析及判断。对上述检查结果进行综合分析，判断模具失效的原因及影响因素，并以此为依据采取相应的措施。

（6）认真记录模具失效原因。

3. 模具早期失效的预防

（1）改进模具结构。在设计模具时，其工作部分和非工作部分的几何形状很难随意改变，通过增大模具的体积而提高模具的承载能力是有限的，因此在满足工艺要求的基础上，若将整体模具改成组合式，便可大大提高模具的承载能力。

（2）合理选用模具材料。模具材料对模具寿命的影响很大，在设计模具时应结合模具生产的产品特点、工作环境、生产批量等因素，科学地选择模具的材料，使模具获得良好的使用性能及较长的使用寿命，具体选材方法可参照表1-1-1。

表1-1-1 常用模具钢选材

模具类别	模具钢种类	常用牌号
冷冲压	抗磨损冷作模具钢	6Cr4W3MoVNb、6W6Mo5Cr4V、7Cr7Mo3V2Si、Cr4W2MoV、Cr5Mo1V、Cr6WV、Cr12、Cr12MoV、Cr12W、Cr12Mo1V1
	抗冲击冷作模具钢	4CrW2Si、5CrW2Si、6CrW2Si
	高碳低合金冷作模具钢	9SiCr、9CrWMn、CrWMn、Cr2、9Cr2Mo、7CrSiMnMoV、Cr2Mn2SiWMoV
	无磁模具用钢	7Mn15Cr2AI3V2WMo、1Cr18Ni9Ti
	冷作模具用高速钢	W6Mo5Cr4V2、W12Mo3Cr4V3N、W18Cr4V、W9Mo3Cr4V
	冷作模具碳素工具钢	T7、T8、T9、T10、T11、T12、T8A、T10A、T11A、T12A
热作模具钢	低耐热性热锻模具钢	5CrMnMo、5CrNiMo、5CrNiMoVSi、4CrMnSiMoV、5Cr2NiMoVSi
	中耐热性热锻模具钢	4Cr5MoSiV、4Cr5MoSiV1、4Cr5W2VSi、8Cr3
	高耐热性热锻模具钢	3Cr2W8V、3Cr3Mo3W2V、5Cr4Mo2W2VSi、5Cr4Mo3SiMnVAI、5Cr4W5Mo2V

续表

模具类别	模具钢种类	常用牌号
塑料模具钢	渗碳型塑料模具钢	20Cr、20CrMnTi、12CrNi3A
	时效硬化塑料模具钢	3Cr2Mo、3Cr2MnNiMo、40Cr、42CrMo、30CrMnSiNi2A
	碳素塑料模具钢	SM45、SM55、45Mn、50、42CrMo
	耐腐蚀塑料模具钢	2Cr13、4Cr13、9Cr18、9Cr18Mo、Cr14Mo4V、1Cr17Ni2

（3）锻造模具毛坯。冲压模具、锻造模具承受的冲击力很大，因此必须具有高的强度、合理的硬度、适当的耐热性和高韧性等力学性能。锻造模具毛坯不仅能将原材料锻造成模具的初步形状，便于切削加工，而且通过锻造可以使原材料中的网状和带状碳化物的分布变得均匀，使原材料中的气孔、缩松等缺陷被锻合，组织变得更为致密，使模具的流线更加合理，进一步提高模具的承载能力。模具材料的纤维方向如图 1-1-5 所示，最佳的纤维方向为无定向分布。

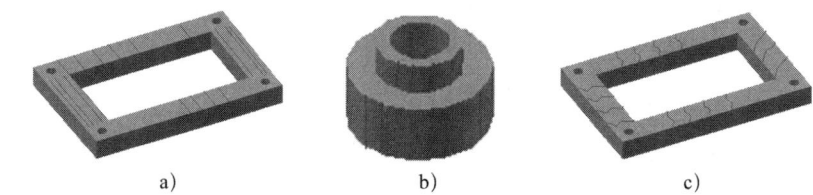

图 1-1-5 模具材料的纤维方向分布图
a）平行于型腔短轴 b）垂直于端面 c）无定向分布 d）辐条状分布

（4）模具的切削加工

1）表面粗糙度。模具的工作表面要求具有极小的表面粗糙度，不允许有任何刀痕或划痕，否则这些刀痕或划痕将成为疲劳裂痕源。

2）圆角半径或倒角。模具上型腔过渡处的圆角半径应严格按图样要求加工，不得缩小，以免在该处引起应力集中。圆弧与直线连接处应平滑过渡，冲裁模具的刃口部分必须锋利，不允许圆角或倒角，相互贴合的圆角不得出现相互干涉现象，如图 1-1-6 所示。

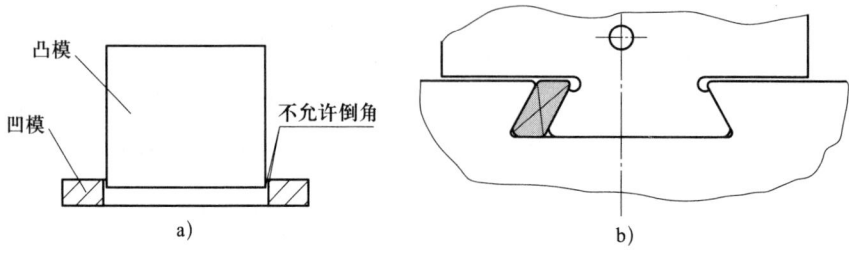

图 1-1-6 圆角半径或倒角
a）冲裁模具刃口 b）贴合的圆角

3）磨削裂纹。模具在磨削加工时，若金相组织中残留奥氏体的含量偏高、进给量过大、冷却不充分或砂轮未及时修磨等，都可能使模具表面产生磨削裂纹，这些磨削微裂纹会成为裂纹源，严重影响模具的使用寿命。

（5）正确使用与维护。正确使用与维护对模具的寿命影响很大，主要包括模具正确安装与调整，毛坯体积的预算、排样、工作温度设置，模具的清洁和合理预热、冷却与润滑，防止误送料、冲叠片，设备行程控制，设置安全块和行程限位器，对出现的模具失效作出判断，及时修复、研磨等内容。

（6）模具的热处理。模具的热处理工艺包括预备热处理，粗加工后消除应力退火、淬火与回火，磨削后或电加工后消除应力退火等。模具的热处理质量对模具的性能和使用寿命影响很大，因此，模具在热处理过程中应注意以下几点。

1）表面含碳量。模具在淬火时，如果炉内气氛不合适，会造成氧化、脱碳或表面增碳等缺陷。表面脱碳将使模具表面硬度降低、抵抗变形能力降低，加速模具早期磨损或疲劳断裂。表面增碳将使模具含碳量过高，导致冷作模具塑性降低，出现崩刃、崩齿、尖角脱落等失效形式，使热作模具的冷热疲劳抗力降低，加速冷热疲劳裂纹的产生。

2）淬火加热温度。模具淬火时要根据模具材料科学选择热处理工艺。模具的淬火温度过高会使晶粒粗大，导致冲击韧性下降，容易产生疲劳裂纹，使裂纹扩散速度加快。模具的淬火温度过低，组织中还有大量碳化物，淬火后硬度过低。一般说来，冲压模具一般使用高碳钢或合金工具钢（如T10A、Cr12MoV、9SiCr等），重要工作部分的淬火温度不宜过高；热作模具一般使用中碳钢或热作模具钢（如5CrNiMo、3Cr2W8V等），可采用较高的淬火温度；导向装置、垫板等非模具工作部分也要根据材料类别确定淬火温度。

3）模具回火。回火是为了降低淬火应力并调整硬度，因此，必须按工艺规程严格控制回火温度、回火时间及回火次数。模具回火温度偏高或偏低、回火时间或回火次数不足，都会引起模具力学性能满足不了工作要求，会出现早期失效，缩短使用寿命。

三、模具日常维修

模具在连续工作过程中容易产生零部件的磨损、润滑剂变质、漏水、塑胶料压伤等问题，需要在日常对模具进行维修保养。模具的维修包括随机修理和下线修理。

1. 随机修理

对于上线模具在生产过程中出现的故障，如果可以随机修理，需如实填写模具维修通知单（见表1-1-2），交给模具管理员，经班组长同意后由上线模具工立即修理。

表 1-1-2　　　　　　　　　　模具维修通知单

维修编号		工时定额		日期		年　月　日	
模具编号		模具名称		规格型号		供货厂家	
模具维修原因							
维修单位				联系人		联系电话	
提供图样名称				类型（纸质、电子）		图样编号	
维修措施简要概述							
维修结论		维修部门				填表人	
备注							
审批部门						审批人签字	

2. 下线修理

（1）抛光保养。模具在工作过程中会出现拉痕等现象，除去加工质量、设计等因素外，产生拉痕等现象的主要原因是润滑油不清洁、间隙不均匀、误送料、偏心力矩等，可以采用油石推顺后抛光处理，一般情况（无损伤性拉伤、凸凹伤）按初级（60～80目油石）、中级（120～180目油石）、精细级（220～400目油石，兼用同号砂纸，加衬垫）步骤进行。

（2）堆焊维修。堆焊维修要根据模具的使用条件合理选用。一般采用低温氩弧焊、焊条电弧焊等方法在需要修复的部位堆焊，然后进行修整和热处理，堆焊主要用来维修局部损坏或需要补缺的地方。对于高合金钢等焊接性较差的材料，要进行特殊处理后才能进行焊接，如图1-1-7所示。

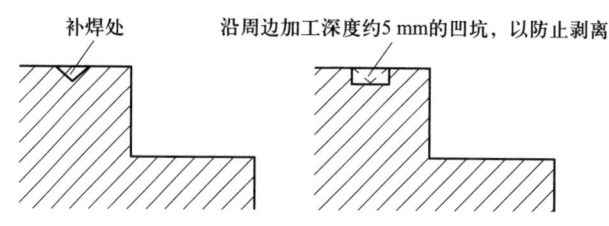

图 1-1-7　注射模具堆焊修理加工出凹坑

焊接前，先对制件焊修部位进行清洁，用氧炔焰将制件预热至150～250 ℃，再用保温箱将焊条预热至150～250 ℃，并使用钢板等物品对模具非焊接型面及排气孔进行遮盖保护，防止焊接时的飞溅物损伤模具或进入模具内部。

焊接中，每次焊接长度不得超过40 mm，在焊件未冷却时用敲渣锤敲打清渣，并用铁刷清除异物，避免产生气孔。严禁对未知材料模具进行焊接修理。

（3）镶件维修。镶件维修是用模具镶件修复受损部位，如图1-1-8所示。镶件维修的具体方法是切除损伤部位，将新制作的镶件按照过盈配合方式压入或焊接打磨，也可以直接进行金属激光烧结。与模具更换相比，镶件具有快速修复受损区域、简化维修、缩短停工期、延长使用寿命、降低维护和修理成本等优势。

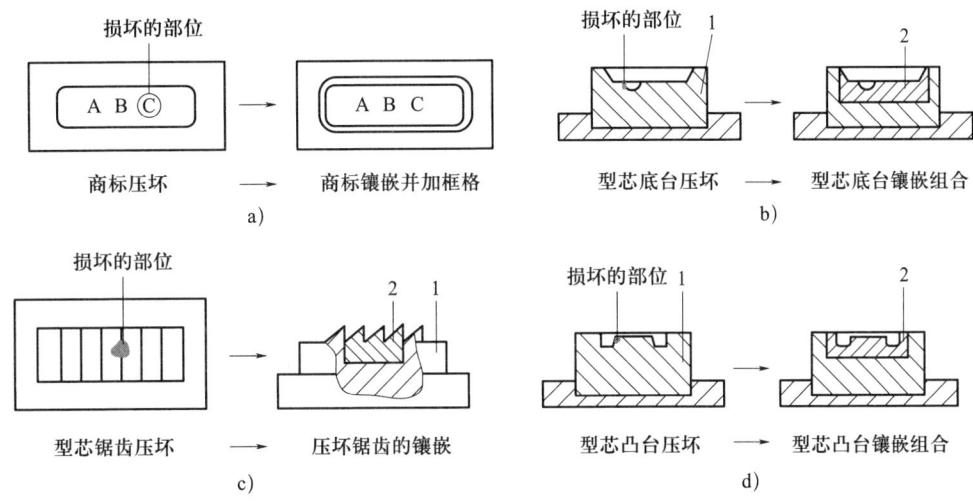

图1-1-8 注射模具镶件修理

（4）扩孔维修。当各种杆的配合孔因滑动而磨损时，可采用扩大孔径与相应尺寸杆径配合的加工方法维修，即大孔配大轴。

（5）电镀维修。电镀维修是指用电镀铬法、化学镀镍法等方法修复注射模具。电镀只适用于需要整体塑料件壁厚适当变小的场合，这是由于型腔或型芯通过电镀后，其表面会生长一层薄层，从而达到减小塑料件壁厚的目的。电镀后要检查模具几何尺寸是否符合要求，如不符合要求，需要加工处理。

（6）磨削维修。模具崩刃或堆焊后需要磨削处理。

1）粗加工：根据形状或加工的难易程度，预留0.5~1 mm的加工余量。

2）半精加工：主要保证形状精度和位置，预留0.2~0.4 mm的加工余量。

3）精加工：按计划方案确定有关数据和精度，预留量为：拉深模0.1~0.3 mm，切边冲孔0.05~0.1 mm，整形翻边0.05~0.1 mm。

4）精细加工：用180~240目油石精修达到规定尺寸数据（拉深模可按精加工数据保留0.1~0.3 mm的加工余量）。

磨削时打磨机必须安装保护装置，操作人员必须佩戴安全防护眼镜。磨削时应确认在砂轮旋转方向上没有其他人员，或用铁板在砂轮旋转方向进行防护，防止砂轮损坏飞溅伤人。严禁在磨削时用冲击力或强力压迫砂轮，防止砂轮断裂飞出发生安全事故。

四、引导问题与练习

1. 模具是如何分类的?

2. 模具一般由哪些部分组成?

3. 模具的失效形式包括哪些内容?

4. 模具的日常修理包括哪些内容?

5. 模具的镶件维修适用于哪些情况?

6. 分析图 1-1-9 所示冲压模具结构,并回答下列问题。

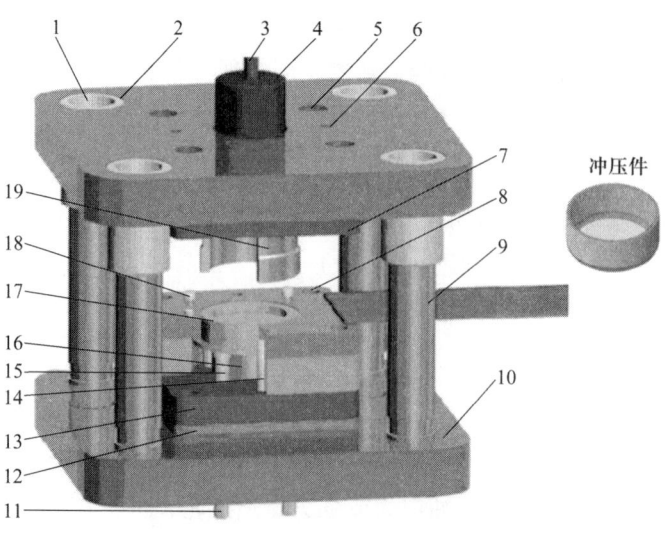

图 1-1-9　落料拉深复合模

（1）在表中填写图 1-1-9 中各序号所对应的名称。

零件序号	名称	零件序号	名称	零件序号	名称	零件序号	名称
1		6		11		16	
2		7		12		17	
3		8		13		18	
4		9		14		19	
5		10		15			

（2）图 1-1-9 所示模具中如果凸凹模刃口不锋利，冲压产品出现过长毛刺，应该如何修复刃口？

（3）图 1-1-9 所示模具中固定板零件的材料是 T7A 钢，如果出现开裂请分析产生原因。

（4）结合实训室情况，对照图 1-1-9 所示模具，填写模具维修标识卡。

模具维修标识卡

装配简图（由学生完成）	

续表

模具名称				模具技术状态简要记录：	
模具代号					
产品名称					
产品零件编号					
工序号					
存放位置					
使用设备					
模具故障现象					
试件质量	尺寸□　质量□　外观□　其他□ 合格□　不合格□				
设计人员		维修人员		试模员	
入库时间		年　月　日		送检人	
出库时间		年　月　日		领用人	

（5）分析图 1-1-9 中零件 3、零件 8 和零件 11 的作用，并简述零件 11 的拆卸顺序。

五、评价与分析

填写学习活动过程自评表（见表 1-1-3）。

表 1-1-3　　　　　　　　学习活动过程自评表

班级＿＿＿＿　学生姓名＿＿＿＿　组别＿＿＿＿　时间＿＿＿＿年＿＿月＿＿日

评价指标	评价要素	分值	实际得分
信息检索	1. 能有效利用教学资源或实训手册查询模具结构、分类及日常维护信息，并能把查询的信息有效转换到学习活动中 2. 能通过咨询、小组讨论等方式，以日常生活用品为例陈述其使用模具的生产方法，了解模具材料的种类	20	
感知工作	1. 能结合典型模具，简要说明其结构特点、分类 2. 能结合实训室的模具生产使用情况，判断模具失效形式	20	
参与状态	1. 主动参与学习活动，与同学交流关键知识点，展示关键技能点 2. 在教师的指导下，分组讨论模具失效原因，提出合理化的改进措施 3. 能够按要求填写模具维修标识卡，进行多向、适宜的信息交流	10	

续表

评价指标	评价要素	分值	实际得分
学习方法	1. 通过线上线下结合的方式，自主学习模具的生产过程，记录学习进度及关键要点 2. 能与他人有效合作探究，积极参与小组讨论交流 3. 能在教师的指导下，独立完成学习任务，具有一定的创新性	15	
学习过程	1. 正确、完整陈述不同模具材料选用的要求，以及对模具的寿命的影响 2. 分析常见模具生产产品的特点，能主动发现、提出有价值的问题或提出合理化的建议 3. 按要求说明模具日常维护及使用要求 4. 记录并反映上课的出勤情况和学习任务情况	25	
自评反馈	1. 按时按质地完成学习任务，较好地掌握专业知识点 2. 积极参与学习过程中的每个环节，具有较强的信息分析能力和理解能力	10	
合计		100	
评定等级			
自我总结			
努力方向			

注：等级评定 A ≥ 85（好）、85>B ≥ 70（较好）、70>C ≥ 60（一般）、D<60（有待提高）

学习活动二　模具常用工具、量具与拆装

学习目标

1. 结合有关资料分析模具的拆装步骤。
2. 正确使用模具拆装工具，并能简要说明各种工具的特点。
3. 正确识读常用量具，会使用量具对模具及其零件进行检测。
4. 能够结合具体模具的类型明确模具拆卸及装调过程。
5. 能够对试模后模具的技术状态进行鉴定，填写有关技术文件资料。

一、模具拆装常用工具

拆装模具时首先根据模具的结构，拟定拆装工艺方案，分清可拆卸件和不可拆卸件，并做好相应零部件的标识；然后按拆装工艺方案，选用标准或自制工具；最后进行拆装。在拆装的过程中不可使用已损伤或不规范的工具，不可强行破坏性拆装，以

免造成零件损伤或操作人员受伤。模具常用拆装工具及用途见表 1-2-1。学生根据表 1-2-1 独立完成模具常用拆装工具图示表（见表 1-2-2）。

表 1-2-1　　　　　　　　　　模具常用拆装工具及用途

工具名称	特点及用途	分类
压力机	压力机主要用于定位销、导柱与导套、齿轮和轴套等过盈配合或过渡配合连接件的拆卸以及变形零件的校正，是一种广泛应用的压力工具	一般分为螺旋压力机、曲柄压力机和液压机
起重葫芦	起重葫芦是通过链轮或卷筒竖直提升重物的简单起重机械，其自重轻、结构紧凑、使用方便，适用于拆装简易的起重工作	可分为手拉葫芦、手扳葫芦、电动葫芦、气动葫芦、液葫芦等
手动起重小车	手动起重小车是一种起升装卸和短距离运输两用车，具有升降平衡、转动灵活、操作方便等特点	手动或电动
拉马	拉马是使轴与轴套分离的拆卸工具，可用作内部或外部的拉拔器；也可拆卸各种机械设备中的皮带盘、齿轮等制件	有两爪拉马、三爪拉马以及手动、液压拉马等多种类型
套筒扳手	套筒扳手适用于拧转空间十分狭小或凹陷深处的螺钉或螺母，也可用于模座、压板、支撑板等紧固螺钉等	六角孔或十二角孔
梅花扳手	梅花扳手两端呈花环状，方便拆卸装配在凹陷空间的螺钉、螺母，并可以为操作者提供操作间隙。很多梅花扳手都有弯头，常见的弯头角度为 10°～45°	规格为 17～100 mm
内六角扳手	内六角扳手是用来扳动具有内六角头部螺钉的工具，通过扭矩对螺纹施加作用力，大大降低了使用者的用力强度	按长柄型式分为标准型、长型和加长型
旋具	旋具，别名改锥、起子、旋凿，是用来拧转螺钉以使其就位的工具	按形状分为一字旋具、十字旋具、米字旋具、星字旋具、方头旋具、六角头旋具等
活扳手	活扳手又叫活络扳手，是一种旋紧或拧松有角螺钉或螺母的工具	常用的有 200 mm、250 mm、300 mm 三种，使用时应根据螺母的大小选配
整形锉	整形锉可用于修整螺纹或去除毛刺	根据截面形状分为三角锉、方锉、圆锉、单面三角锉、刀形锉、双半圆锉、椭圆锉、圆边扁锉等
油石	油石主要对制件进行修整及抛光，广泛用于粗磨、半粗磨、精磨、超精磨等修理加工	油石的粒度为 400～1 200 目，材料有绿碳化硅、白刚玉、棕刚玉等

续表

工具名称	特点及用途	分类
V形铁	V形铁适用于机械加工、零部件制造行业的精密检验和精密划线、定位工作,是检测圆柱体的理想工具,还可用于检验制件垂直度、平行度,成对使用可作等高块用于拆装模具	常见的有Ⅰ型(35 mm×35 mm×30 mm、105 mm×105 mm×100 mm等)、Ⅱ型(100 mm×100 mm×65 mm、300 mm×300 mm×120 mm等)
卡簧钳	卡簧钳是一种用来安装内簧环和外簧环的专用工具,外形上属于尖嘴钳一类	钳头可采用内直、外直、内弯、外弯等形式
打磨机	打磨机是把不光滑的物体与不平整的物体打磨光滑或者平整的设备	有风动和电动两种,砂轮磨头有圆柱、圆弧等形式和46目、60目、80目等规格
同轴度测量仪	同轴度测量仪适用于台阶轴、轴套、衬套等有同轴度要求的零件测量	型号有HT-C-03M、HT-C-10、HT-C-10M等
铜棒、铜锤	铜棒、铜锤用于调整中小型模具间隙及相互位置,以及导柱、导套、模柄销等零件的压入与压出	

表1-2-2　　　　　　　　　　模具常用拆装工具图示表

序号	图示	名称	用途
1	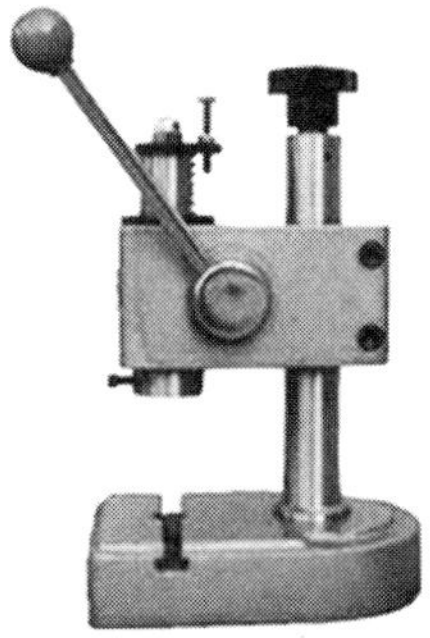		
2			
3	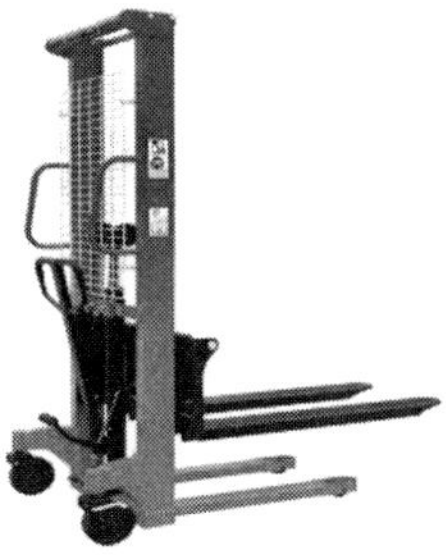		

续表

序号	图示	名称	用途
4	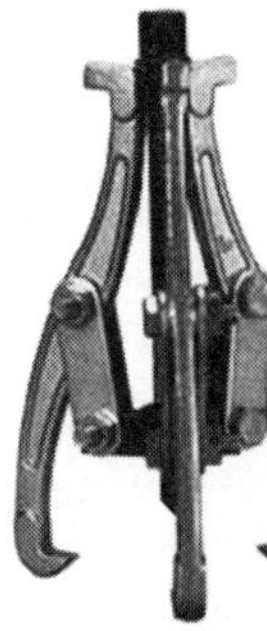		
5	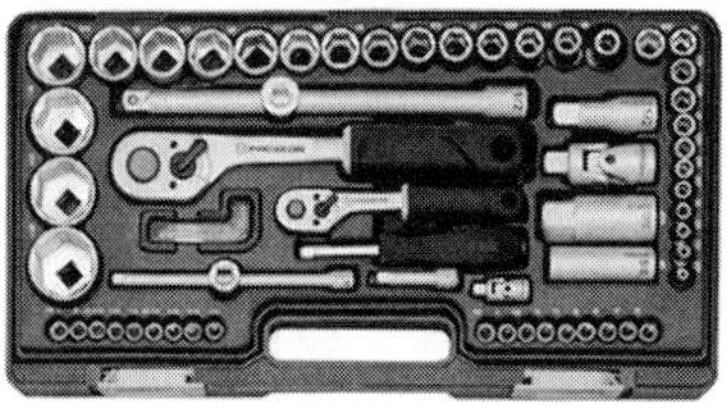		
6	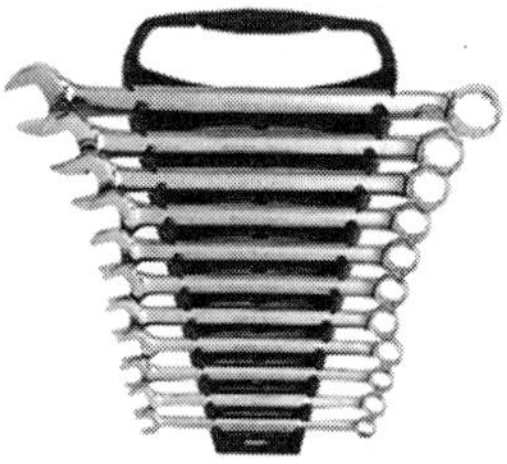		
7			
8			
9			

续表

序号	图示	名称	用途
10	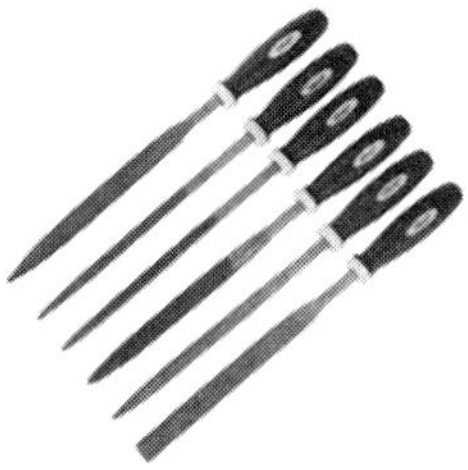		
11			
12			
13	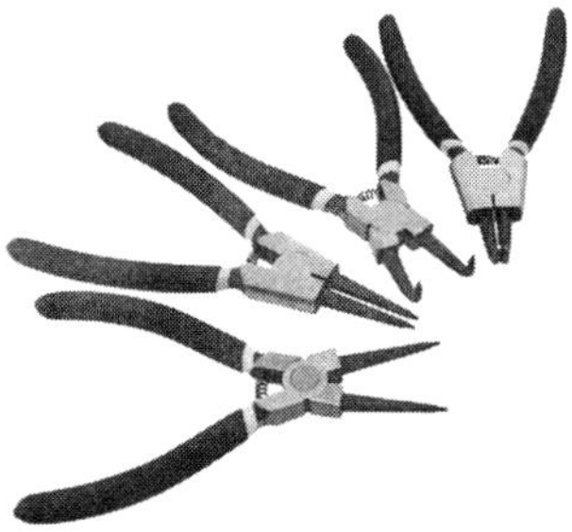		
14			
15	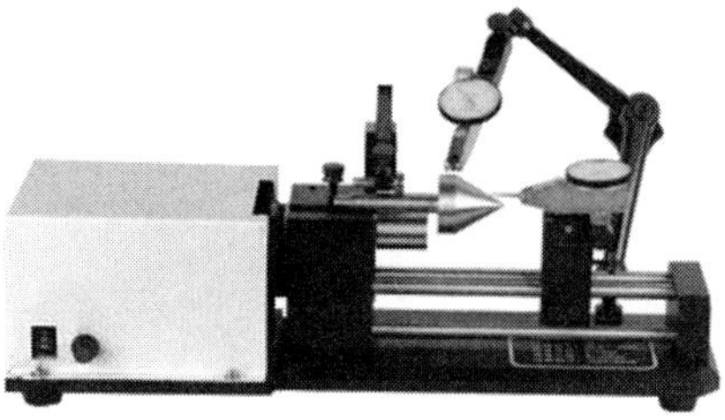		

二、模具测量常用量具

模具测量主要研究模具零部件几何参数的测量和检验，是保证零件和产品质量的关键。模具测量包括直接测量和间接测量两种方法。

用来测量、检验零件及产品尺寸和形状的工具称为量具。量具的种类很多，根据其特点和用途可分为万能量具、标准量具和专用量具三种类型。随着科技的发展，光学检测、超声波检测、三坐标测量等先进测量技术也逐步在生产中得到推广和应用。这里主要介绍几种常用量具。

1. 游标卡尺

（1）游标卡尺精度与原理。游标卡尺是一种中等精度的量具，可以直接测量出制件的内径、外径、长度、宽度、深度等，如图 1-2-1 所示。常用游标卡尺的分度值有 0.02 mm、0.05 mm、0.1 mm 三种。

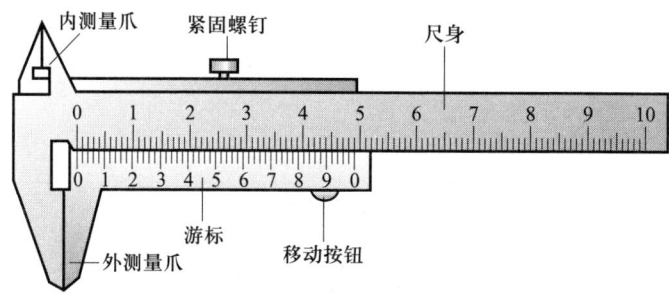

图 1-2-1　游标卡尺组成

（2）读数方法。游标卡尺是以游标零线为基准进行读数的，在测量制件时，其读数包括三个步骤。

1）读整数。在尺身上读出位于游标零线左边最接近的整数值（mm）。

2）读小数。用游标上与尺身刻线对齐的刻线格数，乘以游标卡尺的分度值，读出小数部分。

3）求和。将两项读数值相加，即为被测制件读数，如图 1-2-2 所示。

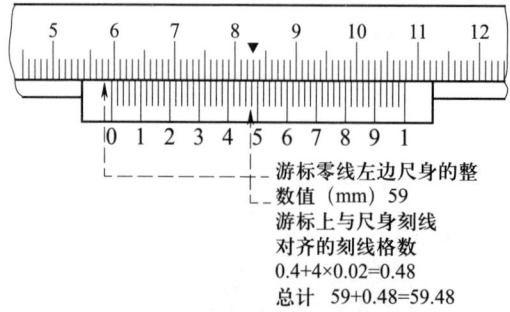

图 1-2-2　0.02 mm 游标卡尺的读数

（3）其他游标卡尺

1）电子数显卡尺及带表卡尺。电子数显卡尺如图 1-2-3 所示，带表卡尺如图 1-2-4 所示。

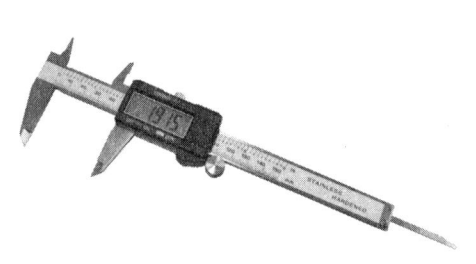

图 1-2-3 电子数显卡尺

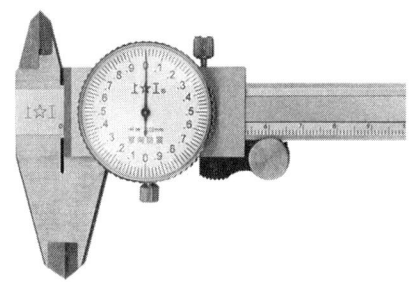

图 1-2-4 带表卡尺

2）游标深度尺如图 1-2-5a 所示，用来测量台阶的高度、孔深和槽深。

3）游标高度尺如图 1-2-5b 所示，用来测量零件的高度和划线。

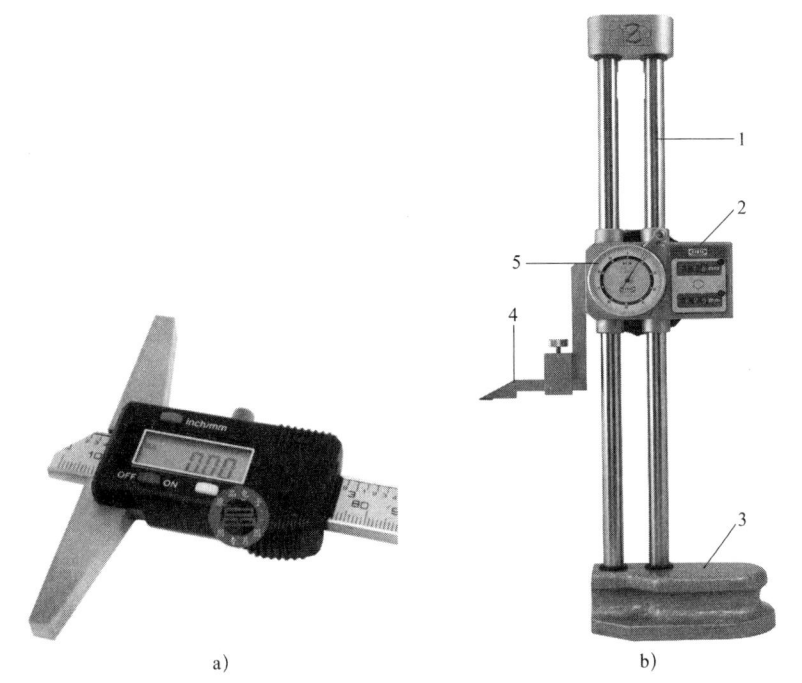

a) b)

图 1-2-5 其他游标卡尺

a) 游标深度尺　b) 游标高度尺

1—立柱；2—计数器；3—底座；4—副刀组；5—数显盘

2. 千分尺

（1）外径千分尺精度及原理。外径千分尺是一种精密量具，其测量精度比游标卡尺高，应用广泛，如图 1-2-6 所示。常用规格包括 0～25 mm、25～50 mm、50～75 mm、75～100 mm 等。

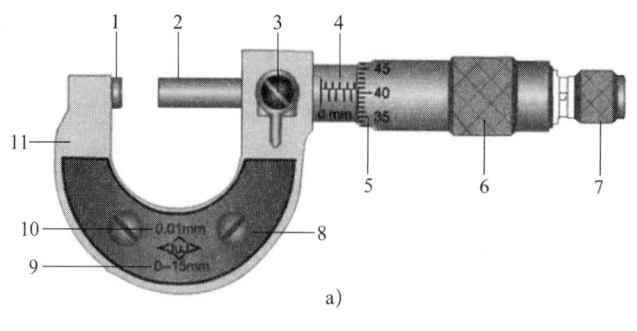

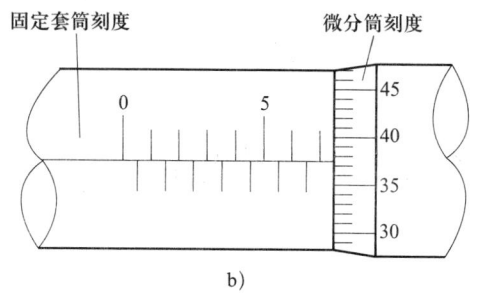

图 1-2-6 千分尺

a）结构图　b）微分筒读数放大图

1—固定测砧；2—测微螺杆；3—锁紧装置；4—固定套筒；5—微分筒；
6—旋转柄；7—测力装置（棘轮）；8—隔热板；
9—测量范围标识；10—分度值；11—尺架

（2）外径千分尺的读数方法（见图 1-2-7）

1）在固定套管上读出与微分筒相邻近的刻度线数值。

2）用微分筒上与固定套管的基准线对齐的刻线格数，乘以千分尺的测量精度，读出不足 0.5 mm 的数。

3）将前两项读数相加，即为被测零件的尺寸读数。

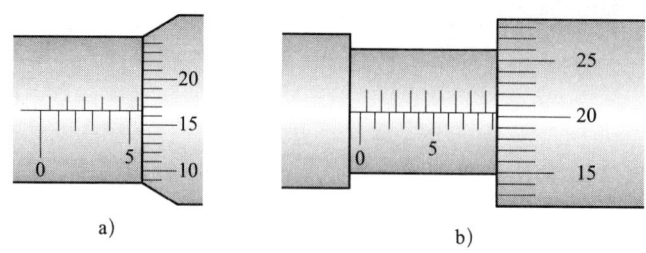

图 1-2-7　千分尺的读数方法

a）读数：5+0.5+0.16+0.005=5.665 mm　b）读数：9+0.20+0.004=9.204 mm

（3）其他千分尺（见图 1-2-8）

1）内径千分尺。用来测量内径及槽宽等尺寸，其刻线方向与千分尺的刻线方向相反。

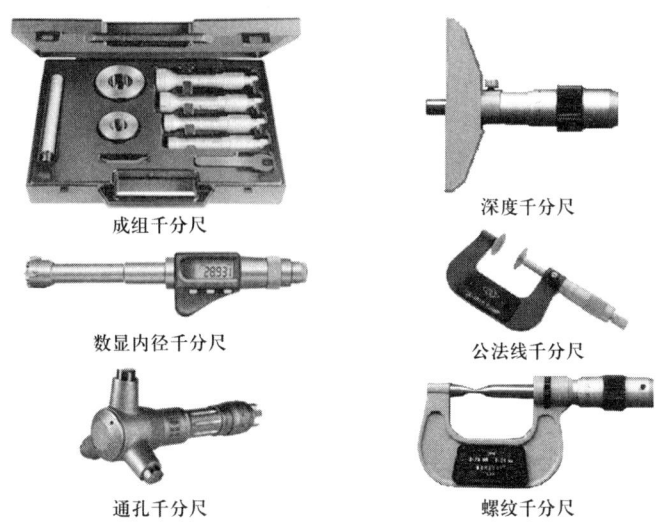

图 1-2-8　其他千分尺

2）深度千分尺。用来测量孔深、槽深等。

3）螺纹千分尺。螺纹千分尺主要用于测量螺纹中径范围和螺距范围。

3. 万能角度尺

万能角度尺又被称为角度规、游标角度尺和万能量角器，是利用游标读数原理来直接测量制件角度或进行划线的一种角度量具，有扇形（Ⅰ型）和圆形（Ⅱ型）两种，其测量范围分别为 0°~320° 和 0°~360°。常用的有普通万能角度尺（见图 1-2-9a）和数显万能角度尺（见图 1-2-9b）。

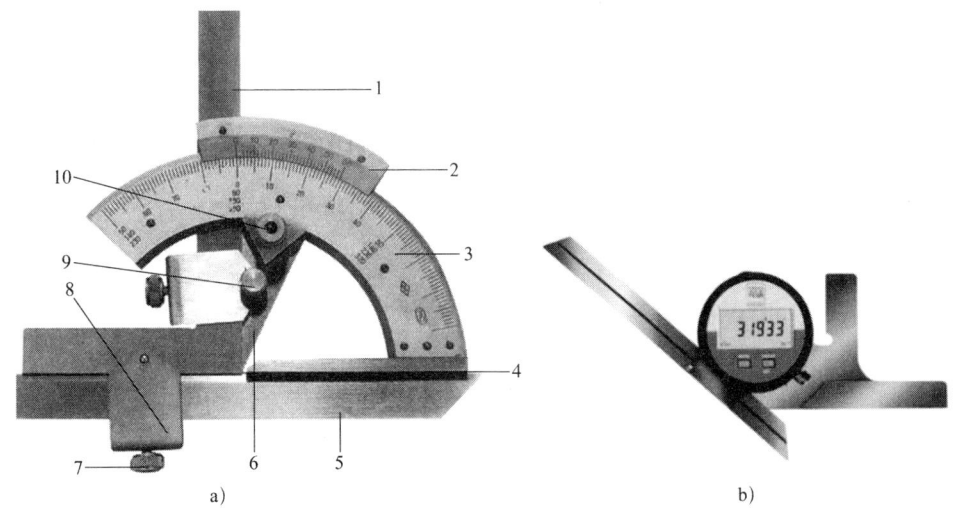

图 1-2-9　万能角度尺

a）普通万能角度尺　b）数显万能角度尺

1—直角尺；2—游标；3—主尺；4—基尺；5—直尺；6—扇形板；
7—锁紧螺钉；8—连接块；9—连接螺钉；10—制动器

万能角度尺主尺刻线每格为1°，游标的刻线是将主尺的29°所占的弧长等分为30格，每格所对的角度为（29/30）°，即主尺与游标一格的差值为2′，也就是说万能角度尺读数精度为2′。除此之外，万能角度尺还有5′和10′两种精度。万能角度尺的读数方法与游标卡尺的读数方法相似，即先从尺身上读出游标零刻线左边的刻度整数，然后在游标上读出分的数值（格数×精度），两者相加就是被测制件的角度数值，如图1-2-10所示。

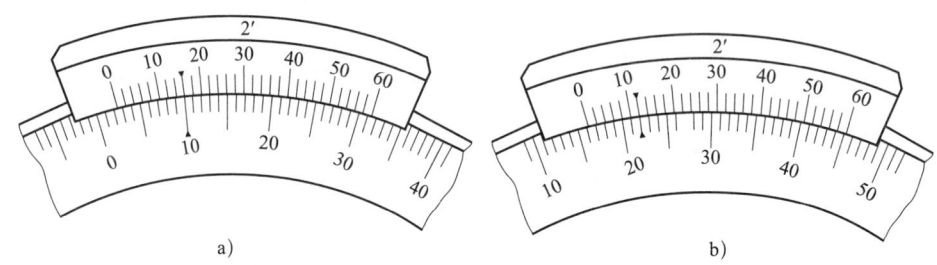

图1-2-10 万能角度尺的读数方法
a）2°+8×2′=2°16′ b）16°+6×2′=16°12′

4. 百分表

（1）百分表的结构。百分表（见图1-2-11）是一种指示式量仪，主要用来测量制件的尺寸、形状和位置误差，也可用于检验机床的几何精度或调整制件的装夹位置偏差。

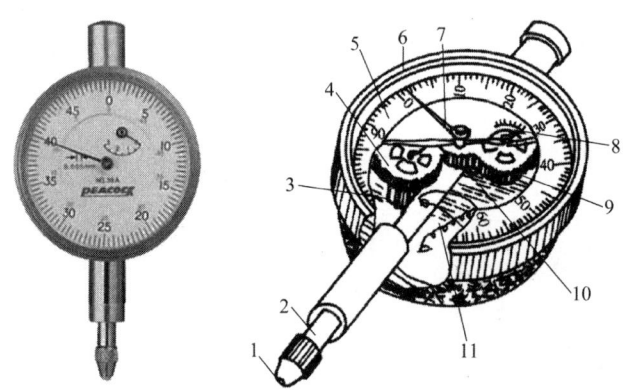

图1-2-11 百分表的外形及结构
1—测头；2—量杆；3—小齿轮（z=16）；4、9—大齿轮（z=100）；5—刻度表盘；
6—表圈；7—长指针；8—短指针；10—小齿轮（z=10）；11—拉簧

（2）其他百分表

1）内径百分表。内径百分表可用来测量孔径和孔的形状误差，对于测量深孔非常方便，如图1-2-12所示。

2）杠杆百分表。杠杆百分表常用于机床上校正制件的安装位置或用在普通百分表无法使用的场合，其外形如图1-2-13所示。

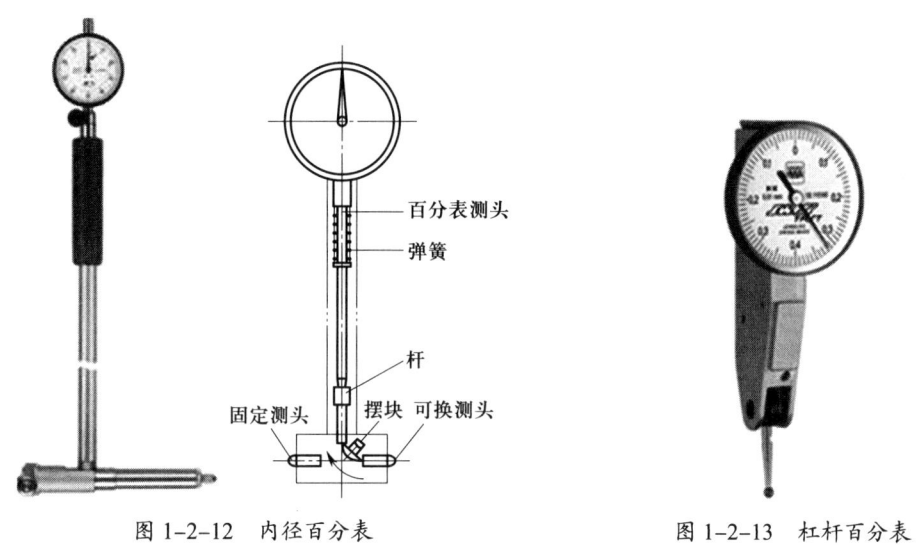

图 1-2-12　内径百分表　　　　　　图 1-2-13　杠杆百分表

5. 量块

量块是机械制造业中长度尺寸的基准，它可以用于测量器具和测量仪器的检验、校验、精密划线和精密机床的调整，量块组与量块附件并用后，还可以测量某些精度要求较高的制件尺寸，如图 1-2-14 所示。

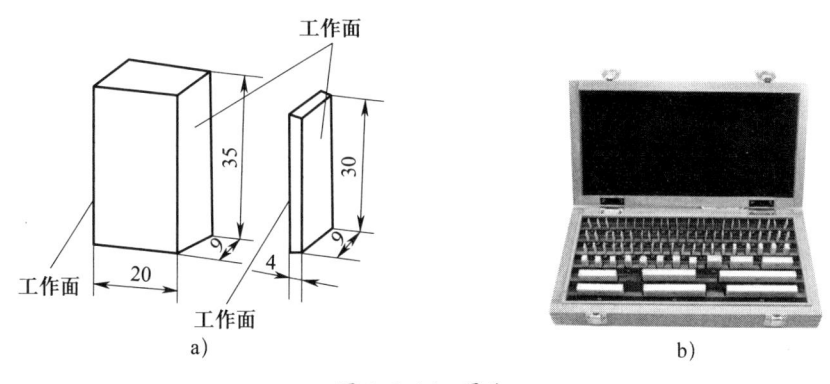

图 1-2-14　量块
a）量块工作面　b）成组量块

6. 半径样板

检查圆弧角半径尺寸是否合格的量规叫做半径样板，简称为 R 规，如图 1-2-15 所示。半径样板可分为检查凸形圆弧的凹形样板和检查凹形圆弧的凸形样板两种。

7. 塞尺

塞尺是用来检验两个贴合面之间间隙大小的片状定值量具，它有两个平行的测量平面，每套塞尺由若干片组成，如图 1-2-16 所示。测量时，用塞尺直接塞入间隙，当一片或数片能塞进两贴合面之间时，则一片或数片的厚度（可由每片上的标记值读出），即为两贴合面的间隙值。

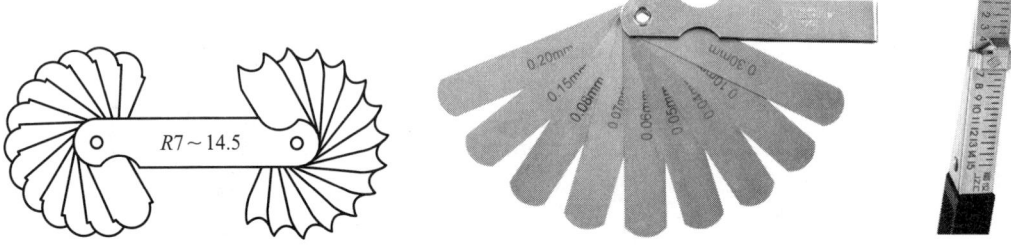

图 1-2-15　半径样板　　　　　　　图 1-2-16　单片塞尺与楔形塞尺

图 1-2-17 所示为用塞尺检测制件直线度、平面度，以及与 90°角尺配合测量垂直度的情况。

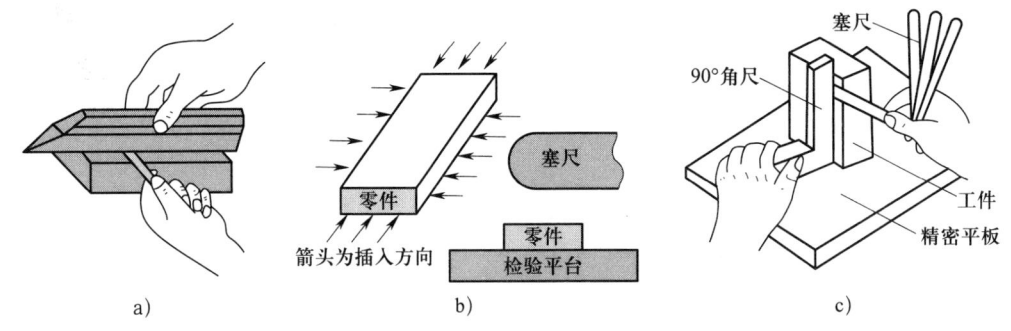

图 1-2-17　塞尺使用方法
a）检测直线度　b）检测平面度　c）检测垂直度

8. 光滑塞规与环规

光滑塞规（见图 1-2-18）是一种按公称尺寸和公差界限制成的标准量具，用来测量比较精密的孔径。光滑塞规有通端与止端之分，通端表示最小极限尺寸，止端表示最大极限尺寸，如图 1-2-19 所示。检查制件时，合格的制件应当能通过通端而不能通过止端，其使用方法如图 1-2-20 所示。

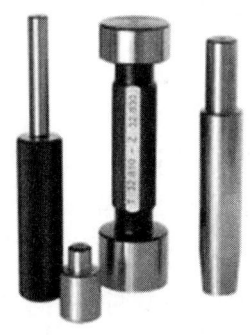 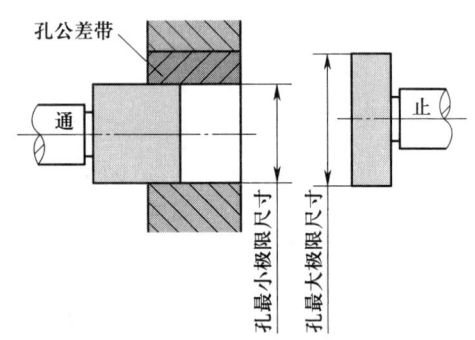

图 1-2-18　光滑塞规　　　　　　图 1-2-19　光滑塞规通端、止端

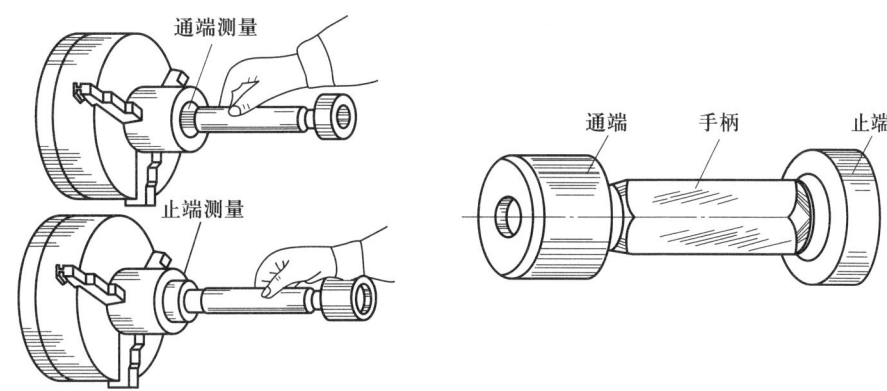

图 1-2-20 光滑塞规使用方法

光滑环规是轴用极限量规，主要用于测量公差等级为 IT6～IT16 的轴或其他外表尺寸，如图 1-2-21 所示。其通端、止端尺寸如图 1-2-22 所示。

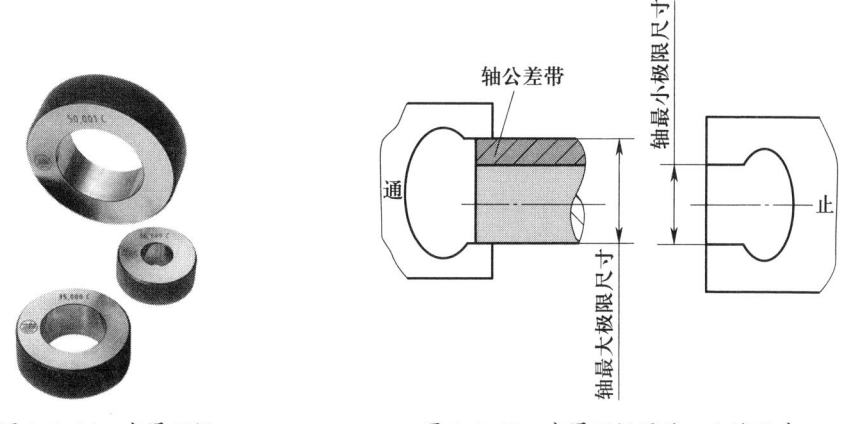

图 1-2-21 光滑环规　　　　图 1-2-22 光滑环规通端、止端尺寸

9. 偏摆仪

偏摆仪（见图 1-2-23）主要用于测量轴类、盘类零件径向跳动和端面跳动误差。测量轴类零件的径向跳动是利用两顶尖定位轴类零件，转动被测零件，测头在被测零件径向方向上直接测量零件的径向跳动误差。

10. 三坐标测量机

三坐标测量机（见图 1-2-24）综合运用了电子技术、计算机技术和激光干涉等先进技术，其三轴均有气源制动开关及微动装置，可实现单轴的精密传动，能借助具备强大 CAD 功能的通用测量软件，利用高性能数据采集系统来测量尺寸精度、定位精度、几何精度及轮廓精度等。三坐标测量机广泛应用于产品设计、模具装备、工装夹具、汽模配件等精密测量。

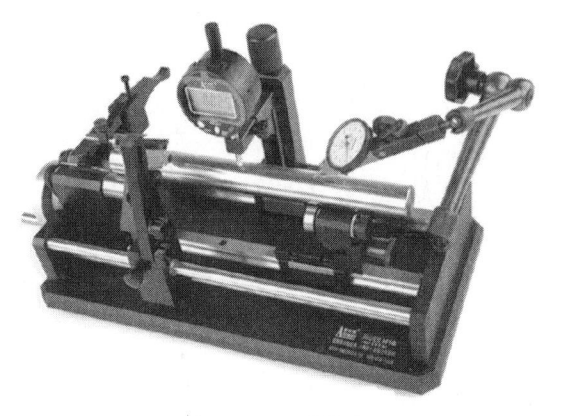　　　　　　　　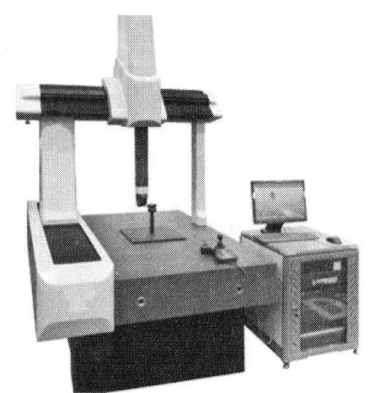

　　图 1-2-23　偏摆仪　　　　　　　　图 1-2-24　三坐标测量机

三、模具的拆卸及装调

模具拆卸及装调需按先拆后装、后拆先装的原则进行，将拆下的各部件、零件清理干净，做好位置及方向标识，并在装调中确保各部件、零件的连接及定位完整可靠、功能完善，各功能件无阻滞和干涉现象。

1. 模具开合

中小型模具开合模时要根据模具大小及重量选用绳具，模具开合时应在专用开模平台上进行，如图 1-2-25 所示。

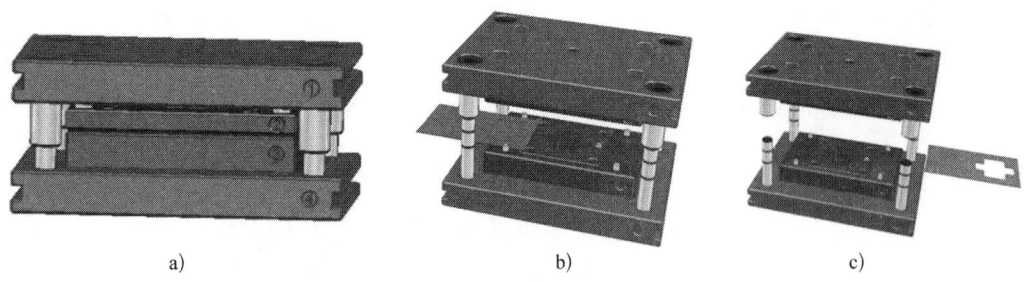

　　　a)　　　　　　　　　　　b)　　　　　　　　　　　c)

图 1-2-25　落料模具开合工作示意图

a) 闭合状态　b) 开启并送料　c) 落料后进入下一工作循环

大型模具起吊时必须按照设备操作规程与操作人员配合，防止野蛮操作而损坏模具。严禁吊装时在吊起的模具下站人、单钩翻转模具、多人指挥开合模具以及小吊绳吊运大型模具或用损伤的吊绳吊模具。

2. 模具清理

修理模具前，要先将辅助装置拆除，并清理废料、异物等。修理模具后，要检查模具内各部件是否安装牢固，严禁模具型腔内存在任何异物，若有焊接飞溅物必须去除，如有损伤必须修整。

清理模具首先要拆除模具防尘盖，用压缩空气吹除型腔、排气孔的残渣异物，用煤油擦净工作面，再用清洁用品清洁模具工作面，装回防尘盖。

3. 模具装夹、调整

（1）调整设备参数。根据作业指导书及设备操作规程初步调整压力机的封闭高度、安全保护机构的工作位置、工作气压及平衡器气压。

（2）确定模具在压力机台面上的位置。保证设备的压力中心和模具的压力中心重合。

（3）装夹模具。大型模具按照上6、下6，中小型模具按照上4、下4配装模具压紧螺钉，按照对角顺序压紧原则进行模具装夹。当采用楔铁安装时特别要注意楔铁角度、安装位置及牢固度。

（4）精调模具的封闭高度。以压力机的下死点轻接触上模板为妥，不可有明显的冲击到位现象。虽然液压机和模锻锤滑块行程较大，但要注意模具的最小装模高度尺寸必须符合设备参数要求。

（5）调整冲压模具凸模和凹模装配间隙。在装配模具时，凸、凹模之间的配合间隙是否均匀非常重要，不仅对制件的质量有直接影响，同时还影响模具的使用寿命。调整凸、凹模配合间隙的方法有如下几种。

1）透光调整法

①分别装配模具的上模部分和下模部分，螺钉不要拧紧，定位销暂不装配。

②将等高垫块放在固定板及凹模之间，并用平行夹头夹紧。

③用手持电灯或电筒照射，从漏料孔观察光线透过的多少，也可以用塞尺检验，确定间隙是否均匀并调整合适，然后紧固螺钉和装配定位销。

④经固定后的模具要用与板料厚度相同的硬纸片进行试冲，如果样件四周毛刺较小且均匀，则配合间隙调整合适；如果样件某段毛刺较大，则说明间隙不均匀，应重新调整至合适为止，如图1-2-26所示。

2）测量法。将凸模插入凹模型孔内，用塞尺检查凸、凹模四周配合间隙是否均匀。根据检查结果调整凸、凹模相对位置，使两者各部分间隙均匀。测量法适用于配合间隙（单边）在0.02 mm以上的模具，如图1-2-27所示。

3）垫片法。根据凸、凹模配合间隙的大小，在凸、凹模配合间隙内垫入厚度均匀的硬纸板或软金属片，然后调整凸、凹模的相对位置，以保证配合间隙的均匀，如图1-2-28所示。

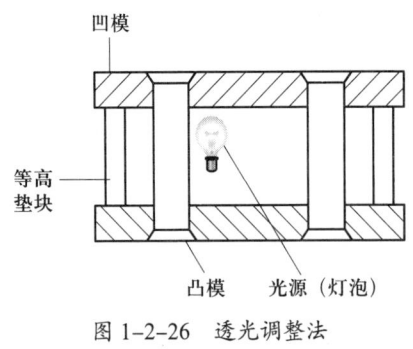
图 1-2-26 透光调整法

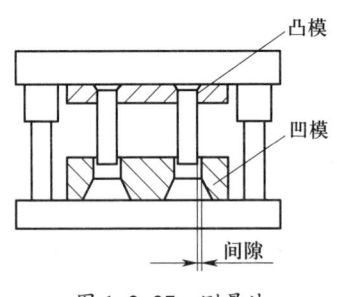
图 1-2-27 测量法

4）镀铜法。镀铜法是在凸模工作端镀一层厚度等于单边配合间隙的铜，使凸、凹模装配后的配合间隙均匀。镀层在模具装配后不必去除，在使用过程中其会自行脱落，如图 1-2-29 所示。用这种方法得到的间隙比较均匀，但工艺上增加了电镀工序。

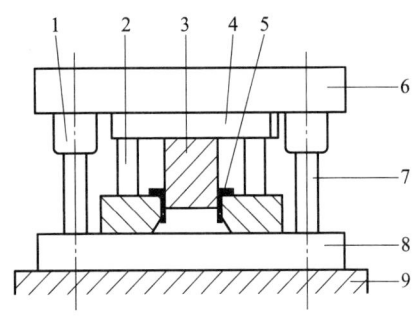

图 1-2-28 垫片法
1—导套；2—等高垫块；3—凸模；4—固定板；
5—垫片；6—上模座；7—导柱；
8—下模座；9—工作台

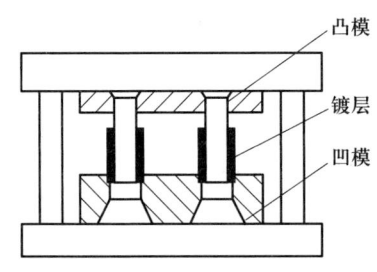

图 1-2-29 镀铜法

5）涂层法。在凸模上涂一层磁漆、淡金水或氨基醇酸绝缘漆等，其厚度等于凸、凹模的单边配合间隙，然后再将凸模调整至相对位置，插入凹模型孔，以获得均匀的配合间隙。此方法适用于小间隙冲压模具的调整。

6）标准样件法。对于弯曲、拉深及成形模的凸、凹模间隙，可根据零件产品图样预先制作一个标准样件，在调整及安装时，将其样件放在凸、凹模之间即可进行装配。标准锻件样件也适用于锻造模具的基准调整。

7）切纸法。无论采用哪种方法控制凸、凹模间隙，装配后都需用一定厚度的纸片来试冲。根据所切纸片的切口状态检验装配间隙的均匀程度，从而确定是否需要调整，以及往哪个方向调整。如果切口一致，则说明间隙均匀；如果纸片局部未被切断或毛刺太大，则表明该处间隙较大，尚需进一步调整。

8）利用工艺定位器调整间隙。用工艺定位器调整间隙如图 1-2-30a 所示，工艺定位器的结构如图 1-2-30b 所示。在工艺定位器装配时，使其 d_2 与凸模 1、d_3 与凸凹模 6 的孔都处于滑动配合形式,并且工艺定位器的 d_1、d_2、d_3 都是在车床上一次装夹车成,所以同轴度精度较高。在装配时,这种工艺定位器适合装配复合模具,保证了上、下模的同轴度及凸模与凹模间隙均匀。

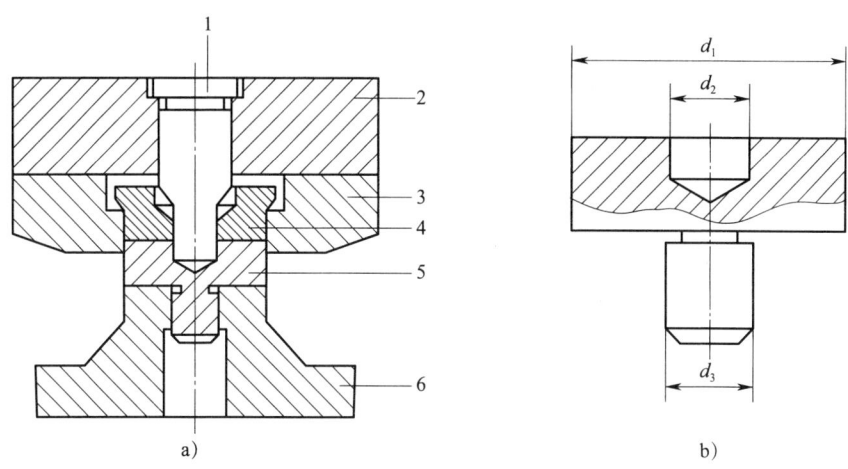

图 1-2-30 工艺定位器调整复合模的间隙
a)工艺定位器安装调整 b)工艺定位器
1—凸模;2—凸模固定板;3—凹模;4—推件块;5—工艺定位器;6—凸凹模

(6)调整定位装置。首先确保定位装置的稳定性和前后工序的一致性,其次检查定位销、定位块、定位杆是否满足定位要求,反复检查调整修正,必要时更换定位零件。

四、试模与技术状态鉴定

模具安装好后必须经过试模和技术状态鉴定,以检验模具的质量好坏、精度高低和各部分的功能。在试模过程中应进行准确记录,并撰写检验报告,出具明确结论。

1. 试模与调整

(1)试模与调整目的

1)发现模具设计及制造中存在的问题,以便对原设计、加工与装配中的工艺缺陷加以改进和修正。

2)通过试模与调整,初步提供产品的成形条件及工艺规程。

3)试模及调整后,可以确定前一道工序的毛坯准确尺寸(如锻件的下料、制坯、预锻尺寸等)。

4)验证模具质量及精度,并作为交付生产的依据。

(2)试模与调整的内容

1)检查产品成形工艺是否合理

①检查分模面错移量、成形饱和度、折纹等参数是否符合要求。由于锻造模具样板不能完全反映模膛的全部尺寸和形状，可通过浇注样件（铅样或低熔点合金）做进一步检验。锻造模具可用铅样试锻，按体积相等原则进行验算毛坯的体积，也可以直接借助 CAD 软件模拟并计算毛坯的体积，符合要求后确定毛坯尺寸，然后加热试锻，重新验证毛坯的体积及预锻的尺寸。在条件允许的情况下也可通过三坐标测量机检查。

②注射模具要验证模具的开合松紧程度、推杆的顶出位置、喷嘴与浇口套相对位置、温度、加热循环系统等是否合适，确认无误后注射试模，并验证塑料的射出量体积。

2）检查模具结构设计是否合理，导正、卸料、顶出等装置是否准确无误。对空运行的模具开、合、顶出、复位、导向机构等部位的动作反复进行多次操作。开合时要慢、要稳，既要细心观察各部分零件动作的状态、平衡程度、运动位置，又要仔细聆听运动声音是否正常，有无杂音、干磨声、撞击声等，以便及早发现问题、消除隐患，确保生产安全。

3）检查模具制造质量、尺寸是否符合技术要求。

4）检查模具生产过程是否符合安全生产要求，安全防护机构是否正常。

（3）试模与调整的流程

1）将模具安装在指定的设备上，特别要注意模具封闭高度的相关尺寸是否满足设备技术参数。

2）用指定的坯料在模具上试冲或试锻。

3）排除影响生产、安全、质量和操作的各种不利因素。

4）根据设计要求，验证前后工序尺寸，并调整这些尺寸，直到符合要求为止。

5）检查成品的质量，并分析其质量缺陷、产生原因。修整解决后，必须试生产出一批完全符合图样要求的合格成品。

6）试模后填写试模情况记录表（见表 1-2-3），并编制生产的工艺规范。

表 1-2-3　　　　　　　　　　试模情况记录表

制件编号		制件名称		生产部门	
模具型号		模具名称		使用部门	
模具类型	□塑料模　□冲压模　□锻模　□工装夹具　□其他					
试模设备名称		试模设备名称		日期	年　月　日

试模情况

模具（工装）试模内容	合理	一般	不合理	问题与改进建议
模具结构				
安全操作性				
相对运动部件灵活性				

续表

模具（工装）试模内容	合理	一般	不合理	问题与改进建议
板材的定位				
模具制造精度				
模具的外观质量				
定位销、导向销、推件等工作位置				
凸凹模、导柱导套等间隙均匀，无阻滞				
制件外观				
毛刺大小及均匀程度				
各道工序尺寸				
模具的润滑条件				
试件的尺寸精度				
鉴定结论				
试模单位名称	试模人员签字		技术部门签字	

（4）试模与调整后对成品模具的要求

1）能顺利地安装在指定的压力机上。

2）能稳定地制造出合格的产品。

3）各部分工作性能正常，能安全地进行操作使用。

（5）试模与调整注意事项

1）试模材料的性质、牌号、厚度、温度等均应符合图样要求。

2）冲压模具试模用的材料宽度，应符合工艺图样要求。若是级进模，试模材料的宽度要比导板间距离小 0.1~0.15 mm。

3）冲压模具试模用的条料，在长度方向上一定要保证平直。

4）在试模前，要对模具进行一次全面检查，检查无误后才能安装于设备上。

5）模具各活动部位在试模前或试模中要加润滑剂润滑。

6）试模使用的压力机、液压机、注射机、合金压铸机、锻压机械，一定要符合生产要求。

2. 模具技术状态鉴定

模具技术状态的鉴定一般包括制件质量、模具的工作性能等内容，它是保证制件质量和生产顺利进行的关键，是生产过程经营管理的一项重要内容。技术状态鉴定项目与要求因模具的性能和用途不同而有一定的区别，表1-2-4列举了技术状态鉴定的一般项目与要求。

表 1-2-4　　　　　　　　　　模具技术状态鉴定项目与要求

项目		具体技术要求	是否符合
制件质量	检查项目	1. 形状、尺寸、公差、表面粗糙度、分模面错移量是否达到图样要求 2. 制件形状和表面有无各种成形缺陷，如成形表面拉纹、充填饱和状态 3. 毛刺是否超过规定要求。一般要求毛刺不超过 0.2 mm，但对有装配关系、焊接表面的毛刺不超过材料厚度的 8%	
	首件	1. 在完成模具安装调整开始工作时，要对首 5 件进行检测，看是否符合图样各项要求或样件要求 2. 将鉴定结果与模具前一次鉴定或试模时检查的测定值做比较，看是否发生变化，确定模具是否安装正确	
	模具使用过程	1. 按工艺要求对制件尺寸和毛刺（冲裁件和锻件切边）进行测量抽检 2. 根据抽检结果与首件检查对比，结合尺寸变化状况鉴定模具的磨损状况和使用性能	
	末件	1. 模具在使用后，检查最后几件的质量状况 2. 根据生产数量和末件质量来判断模具的磨损状况及有无修复的必要	
	工作零件	1. 结合制件质量情况，检查模具工作零件是否有裂纹、损坏和严重磨损 2. 检查冲模凸凹模间隙大小是否合适，是否均匀（对于剪边、冲孔模具，可根据冲压件毛刺大小进行确认） 3. 检查型腔表面有无变形，制件脱模是否正常 4. 检查刃口是否锋利（根据毛刺状况进行判断） 5. 检查型腔模表面是否有划痕、颈缩拉毛（根据样件外观品质进行判断） 6. 检查各压力参数是否正确，顶出装置工作是否正常	
模具工作性能	工作系统	1. 检查各工作系统动作是否协调，能否正常工作 2. 检查注射模具的加热、冷却装置是否正常 3. 检查各循环系统是否畅通，温升是否正常	
	导向装置	1. 锻模：无导向或锁扣装置的整体锤锻模具通过检验角检验调整上下模位置；检查锻模分模面是否正常 2. 冲模：检查凸、凹模之间间隙均匀程度 3. 有导向装置或锁扣装置模具可以通过测量间隙或试模来验证 4. 检查导向装置是否有严重磨损或变形，导向间隙是否正常，固定部位有无松动现象 5. 检查相互运动零部件灵活性，模具开合是否正常	
	托料和卸料装置	检查各托料及卸料装置动作是否灵活，是否有松动和严重变形状态。带弹性机构的模具检查托料或卸料机构是否有不能正常工作的状况	
	连接定位	1. 检查紧固件连接状态，定位销、导向销、推件机构工作位置是否准确 2. 检查定位装置是否可靠、有无松动及严重磨损，感应器是否良好	
安全防护装置、废料排出		检查安全防护装置状态是否完好，废料排出是否顺畅，有无卡料或下滑不畅	

五、模具拆装的注意事项

（1）严禁非专业人员操作氧乙炔火焰。

（2）严禁对未知材料模具进行焊接处理，严禁未对模具型面保护而进行焊接操作。

（3）严禁在磨削时用大力压迫砂轮或砂片，严禁使用有损伤的砂轮或砂片。

（4）严禁在装调中漏装或错装（位置及方向）部件、零件。

（5）严禁使用有损伤的拆装工具。

（6）严禁使用失效的测量器具或野蛮操作损伤测量器具。

（7）严禁在设备主电机未关闭、设备飞轮还在转动、设备安全按钮未按下、自动化系统未关闭、废料盖板未关闭、传动带输送机未关闭时调整修理模具。

六、引导问题与练习

1. 结合图 1-2-31 所示模具图样回答下列问题。模具的外形尺寸为长 150 mm、宽 120 mm、高 130 mm。

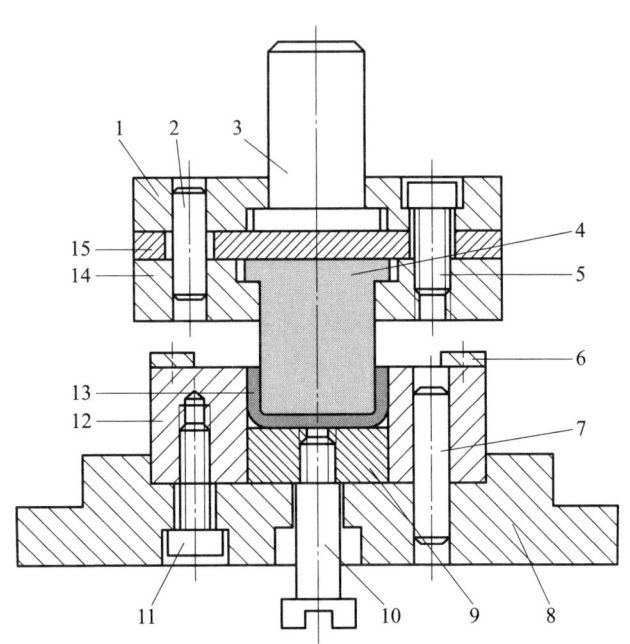

图 1-2-31　无导向装置 U 形弯曲模

1—上模座；2、7—定位销；3—模柄；4—凸模；5、11—紧固螺钉；
6—导向限位板；8—下模座；9—顶料块；10—顶料螺栓拉杆；
12—凹模；13—制件；14—凸模固定板；15—垫板

（1）该模具属于什么类型？上模和下模一般采用什么材料？应该如何进行热处理？

（2）从下列工具中选取拆装该模具必备工具的名称，在相应的工具后打√。

工具：内六角扳手□、铜棒□、平行等高垫铁□、钳工台□、锤子□、旋具□、盛物容器□、拉马□、手动叉车□、机械压力机□、行车□。

（3）按零件序号或名称填写凸模的拆卸顺序。

（4）零件12（凹模）起什么作用？

（5）写出零件3（模柄）的拆卸顺序。

（6）零件1（上模座）和零件14（凸模固定板）是通过什么零件定位的？又是通过什么零件连接固定的？

（7）零件10（顶料螺钉拉杆）在安装过程中没有安装顶出复位零件，请分析应该增加什么零件或机构？

2. 结合模具实物对图 1-2-25 所示小型模具进行拆装，列出常用工具清单，按要求填写工具领用实训工作页，并回答下面的问题。

工具领用实训工作页

工位号		学生姓名		组别		计划制订人	
工作时间		年 月 日 时			指导教师		
以下由计划制订人填写							
项目名称				完成学时		学时	
项目技术要求							
以下在教师指导下填写							
领取材料（含消耗品）				领料人	仓管员（签名） 年 月 日		
领用工具							
操作者检测				（签名） 年 月 日			
班组检测				（签名） 年 月 日			
质检员检测				（签名） 年 月 日			
任务完成质量评价	合格							
	不良							
	返修							

统计： 审核： 批准：

（1）按名称填写凹模的拆卸顺序。

（2）简述凸模装配在上模板的顺序。

（3）测量凸模与凹模的弯曲间隙，查询有关资料并判断是否符合要求。

（4）简述模具凸凹模间隙调整的方法。

（5）在模具实训室对模具进行试模，并填写试模情况记录表。

试模情况记录表

制件编号		制件名称		生产部门	
模具型号		模具名称		使用部门	
模具类型		□塑料模 □冲压模 □锻模 □工装夹具 □其他			
试模设备名称		试模设备名称		日期	年 月 日

试模情况				
模具（工装）试模内容	合理	一般	不合理	问题与改进建议
模具结构				
安全操作性				
相对运动部件灵活性				
板材的定位				
模具制造精度				
模具的外观质量				
定位销、导向销、推件等工作位置				
凸凹模、导柱导套等间隙均匀，无阻滞				
制件外观				
毛刺大小及均匀程度				
各道工序尺寸				
模具的润滑条件				
试件的尺寸精度				
其他				
鉴定结论				
试模单位名称		试模人员签字		技术部门签字	

3. 读出下图中游标卡尺和千分尺读数，分别填写在对应的括号内。

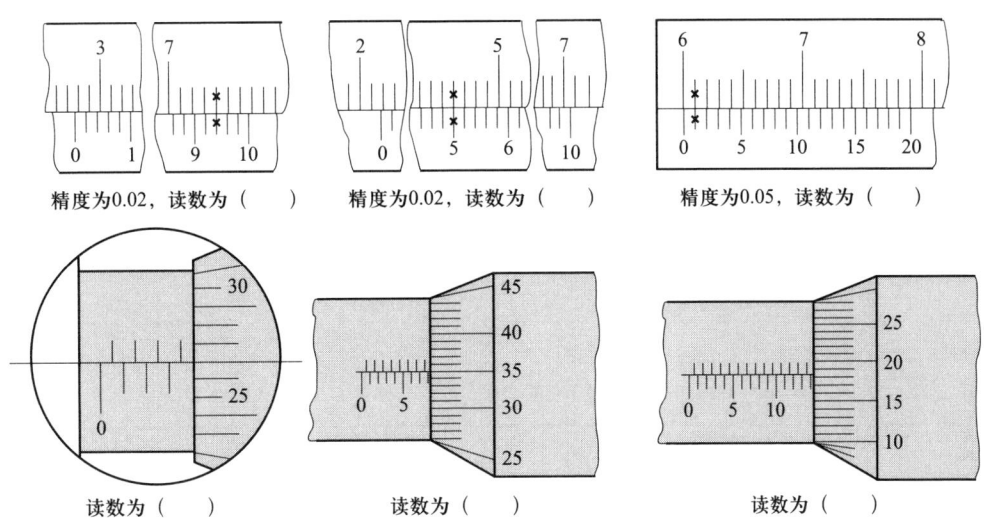

精度为0.02，读数为（　　）　　精度为0.02，读数为（　　）　　精度为0.05，读数为（　　）

读数为（　　）　　读数为（　　）　　读数为（　　）

七、评价与分析

填写学习活动过程自评表（见表1-2-5）。

表1-2-5　　　　　　　　　　学习活动过程自评表

班级＿＿＿＿　学生姓名＿＿＿＿　组别＿＿＿＿　时间＿＿＿＿年＿＿月＿＿日

评价指标	评价要素	分值	实际得分
信息检索	1. 能有效利用教学资源或实训手册查询模具拆装步骤、拆装用具及使用方法等信息，并能把查询的信息有效转换到学习活动中 2. 能通过咨询、小组讨论等方式，明确常见模具间隙确定原则，了解典型模具间隙计算要求 3. 利用实训室仿真软件，明确模具之间装配关系	20	
感知工作	1. 能正确复原典型模具装配过程，简要说明其结构特点、分类 2. 能用多种方法正确测量调整模具间隙	20	
参与状态	1. 主动参与学习活动，与同学交流关键知识点，展示关键技能点 2. 在教师的指导下，分组说明模具技术状态的鉴定要点	10	
学习方法	1. 通过线上线下结合的方式，自主学习试模要求及技术状态鉴定过程，记录其关键知识点与技能点 2. 能与他人有效合作探究，积极参与小组讨论交流 3. 在教师的指导下，能独立细致地完成学习任务，具有一定的创新性	15	

续表

评价指标	评价要素	分值	实际得分
学习过程	1. 拟订模具拆装方案，列出工具清单，正确选择量具及拆装工具 2. 确定合理的拆装步骤，并能正确复原模具装配过程，进一步了解模具装配过程 3. 对典型模具进行装配调整，按技术要求对模具进行验收鉴定，会正确填写模具试模、技术状态鉴定等相关表格，提出合理化的建议 4. 记录并反映上课的出勤情况和完成学习任务情况	25	
自评反馈	1. 按时按质地完成学习任务，较好地掌握专业知识点 2. 积极参与学习过程中的每个环节，具有较强的信息分析能力和理解能力	10	
合计		100	
评定等级			
自我总结			
努力方向			

注：等级评定 A ≥ 85（好）、85>B ≥ 70（较好）、70>C ≥ 60（一般）、D<60（有待提高）

学习活动三　成果展示与评价

学习目标

1. 能正确规范撰写学习任务总结。
2. 能采用多种形式展示学习成果。
3. 能有效进行学习反馈与经验交流，完成考核评价。

一、自我评价

学生结合自身学习任务完成情况，撰写学习情况总结，并完成学习任务综合评价表（见表1-3-1）自我评价内容，归纳分析学习活动中获得的知识与经验，查找存在的不足，提出遇到的困难与问题。

二、小组展示与互评

根据完成任务情况，以小组为单位推荐代表进行任务展示，其他小组对展示小组进行评价，并完成学习任务综合评价表（见表 1-3-1）小组评价内容。

三、教师评价

教师根据学生自评、小组展示与互评，对小组任务完成情况进行点评，帮助学生全面系统回顾任务实施过程，对创新方法、学习态度等方面出现的亮点予以鼓励，对存在的不足及问题提出改进措施，并完成学习任务综合评价表（见表 1-3-1）教师评价内容。

表 1-3-1　　　　　　　　　　学习任务综合评价表

班级＿＿＿＿　学生姓名＿＿＿＿　组别＿＿＿＿　时间＿＿＿年＿＿月＿＿日

项目（每项 20 分）	自我评价	小组评价	教师评价
活动完成情况			
团结协作精神			
工作纪律态度			
专业表达能力			
学习总体表现			
小计			
评价等级			
自我总结	学生签字： 　　　　　　　　　　　　　　　　　　年　月　日		
小组评语	组长签字： 　　　　　　　　　　　　　　　　　　年　月　日		
教师简评	指导教师： 　　　　　　　　　　　　　　　　　　年　月　日		

注：等级评定 A ≥ 85（好）、85>B ≥ 70（较好）、70>C ≥ 60（一般）、D<60（有待提高）

冲压模具的维护与保养

学习活动一　冲压、冲压设备与冲压模具的安装 /44
学习活动二　冲压模具的分类、组成、装配与故障处理 /51
学习活动三　冲压模具的保管与技术状态鉴定 /66
学习活动四　冲压模具维护保养的流程及项目 /76
学习活动五　成果展示与评价 /84

任务描述

因某冲压制件质量不符合要求，需要对冲压模具质量技术状况进行鉴定。同学们以学习小组的形式通过多种手段分析制件不合格的原因，提出解决措施，正确使用模具维护与保养工具、量具对模具进行维护保养和试模，详细记录模具维护保养过程，并严格遵守工作现场的安全规范。

学习活动一　冲压、冲压设备与冲压模具的安装

学习目标

1. 结合实例分析冲压模具装调要求。
2. 明确冲压设备种类，陈述典型冲压设备的工作原理。
3. 利用多种学习手段查询典型冲压设备的封闭高度等主要技术参数。
4. 能遵守安全文明生产规范，养成安全文明生产的习惯。

一、冲压相关知识

1. 冲压与冲压件

冲压是利用压力机和模具对板材、带材、管材、型材等施加外力，使之产生塑性变形或分离，从而获得所需形状、尺寸和性能的产品零件（冲压件）的成形加工方法。冲压是一种金属冷变形加工方法，所以也被称为冷冲压或板料冲压。在汽车、电子等行业中，60%~70%的零部件是对通过板材进行冲裁、弯曲、拉深等方法制成。如汽车的车身、油箱、散热器片、机箱、容器的壳体，电机、电器的铁芯硅钢片等都是通过冲压加工的，在仪器仪表、家用电器、自行车、办公机械、生活器皿等产品中，也有大量冲压产品，如图2-1-1所示。

学习任务二 冲压模具的维护与保养

图 2-1-1 冲压产品
a）各类五金件 b）汽车覆盖件 c）文件柜 d）电源箱 e）手机金属壳配件
f）餐具与日常用品 g）仪表箱及五金件

2. 冲压设备

板料、模具和设备是冲压加工的三要素。冲压生产设备种类很多，常用的冲压设备有机械压力机、液压机、剪切机、弯曲校正机等。冲压设备按照驱动滑块机构的种类可分为曲柄式和摩擦式，按照滑块个数可分为单边和双边，按床身结构形式可分为开式（C型床身）和闭式（Ⅱ型床身），按自动化程度可分为普通压力机和高速压力机。随着科学技术的发展，自动控制技术也逐步在冲压设备中得到推广应用，如数控冲床、工业机器人控制的柔性生产线等。冲压设备如图 2-1-2 所示。

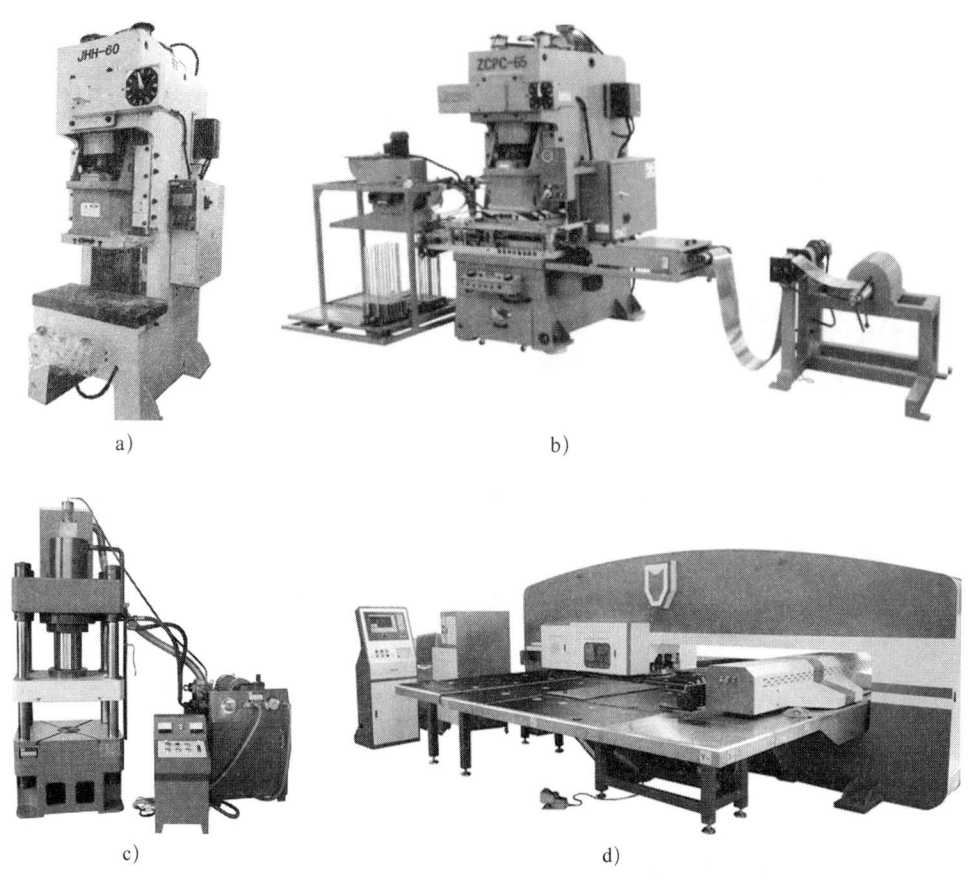

图 2-1-2 冲压设备

a）数控曲柄压力机　b）自动送料冲压设备　c）液压拉深压力机　d）闭式液压转塔数控冲床

曲柄压力机是常用的一种机械压力机，其原理是通过传动系统把电动机的运动和能量传递给曲轴，使曲轴作旋转运动，并通过连杆使滑块产生往复运动，其结构如图 2-1-3 所示。电动机通过小齿轮、大齿轮（飞轮）和离合器带动曲轴旋转，再通过连杆使滑块在机身的导轨中作往复运动。将模具的上模固定在滑块上，下模固定在机身工作台上，压力机便能对放置在上、下模之间的被冲压材料进行加压，依靠模具将其冲制成制件，实现压力加工。

二、冲压模具的安装（见图 2-1-4）

1. 安装要求

（1）保证设备压力中心与模具的受力中心重合。

（2）模具安装时螺钉的旋入长度要合理；螺纹轴心线到模座边的距离为螺纹直径的 1.5 倍，受力点要靠近模具；螺钉的数量要根据设备的类型和模具的大小确定，尽量取偶整数。

（3）垫铁高度略大于模座厚度，尽量保证压板在压紧后处于水平状态。

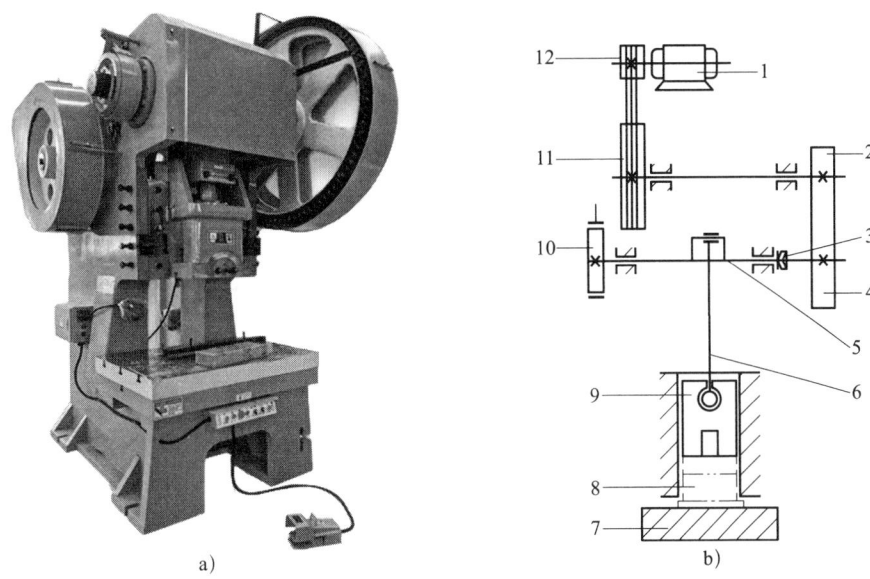

图 2-1-3　JB23-63 曲柄压力机外形及结构图
a）曲柄压力机　b）曲柄压力机工作原理
1—电动机；2—小齿轮；3—离合器；4—大齿轮；5—曲轴；6—连杆；7—机身工作台；
8—模具；9—滑块；10—制动装置；11—大带轮；12—小带轮

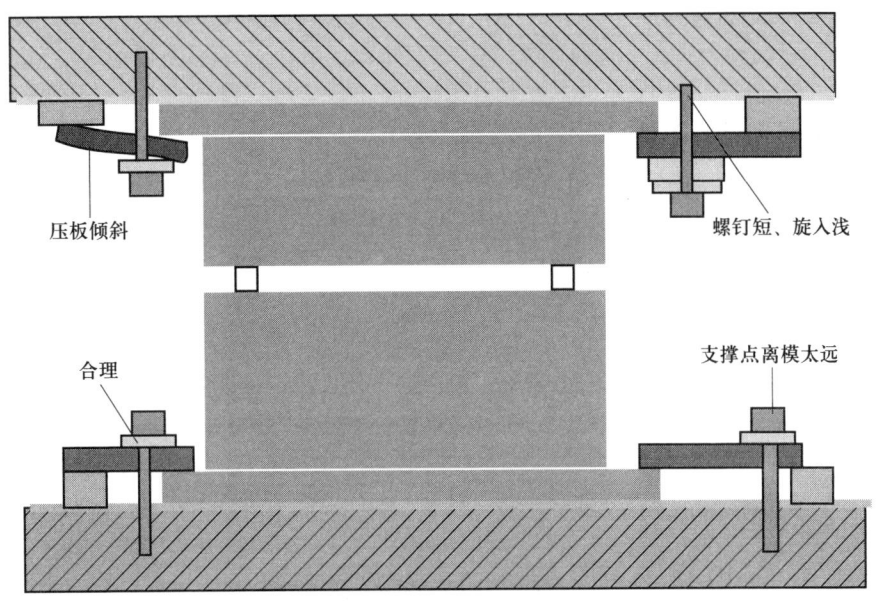

图 2-1-4　冲压模具安装示意图

2. 模具的闭合高度要求

对于曲柄压力机来说，模具的闭合高度与压力机的装模高度之间要符合 H_{max}-

$H_1 \geqslant H \geqslant H_{min}-H_1$ 或 $H_{max}-H_1 \geqslant H \geqslant H_{max}-M-H_1$ 的要求。模具闭合高度安装示意图如图 2-1-5 所示。

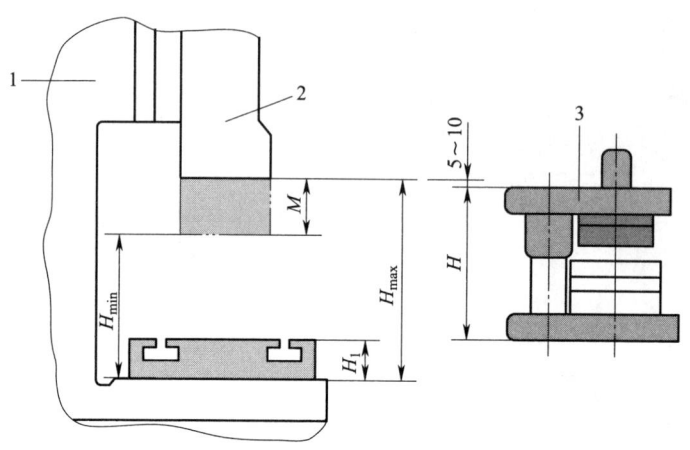

图 2-1-5　模具闭合高度安装示意图
1—床身；2—滑块；3—模具

式中　H——模具闭合高度，mm；

　　　H_{max}——压力机最大闭合高度，mm；

　　　H_{min}——压力机最小闭合高度，mm；

　　　H_1——垫板厚度，mm；

　　　M——压力机闭合高度调节量，mm。

三、引导问题与练习

1. 结合图 2-1-1 中产品类别特点，举例说明冲压成形的分类方法。

2. 简述曲柄压力机的工作原理。

3. 简述在设备工作台上安装模具应该满足哪些要求。

4. 根据表 2-1-1 陈述安装调试模具的操作步骤。

表 2-1-1　　　　JB23-63 曲柄压力机模具安装与调试步骤

序号	设备项目名称	主要参数	序号	设备项目名称	主要参数
1	公称压力	630 kN	6	装模高度调节量	80 mm
2	滑块行程	120 mm	7	滑块底面尺寸	270 mm × 320 mm
3	行程次数	50 次/min	8	模柄孔尺寸	ϕ50 mm × 80 mm
4	最大装模高度	270 mm	9	垫板厚度	90 mm
5	工作台板尺寸	480 mm × 710 mm	10	机身最大可倾角度	30°

模具安装与调试步骤

1. 卸下打料横梁

2. 滑块下降到下止点

3. 调节装模高度，使其略大于模具的闭合高度

4. 清除黏附在冲压模上下表面、压力机滑块底面与工作台面上的杂物，并擦洗干净

5. 取下模柄锁紧块

6. 将上下模具同时推到工作台，注意将下弹顶装置放入工作台落料孔，并让模柄进入压力机滑块的模柄孔内，合上锁紧块

7. 将压力机滑块停在下止点，并调整压力机滑块高度，使滑块与模具顶面贴合，并紧固锁模块

8. 将下模用压板轻轻紧固在工作台上，但不要将螺钉拧得太紧

9. 用压力机上的连杆调整装模高度，上、下模闭合高度适当后，将压板螺钉拧紧，使滑块上升到上止点

10. 装入打料横梁

11. 试空车，检查压力机和模具有无异常，固定下模

12. 开动压力机，并逐步调整滑块高度，先在上下模之间放入纸片，使纸片刚好切断后再放入试冲材料试冲，检查刚冲下的零件合格后，将可调连杆螺钉锁紧

13. 调整压力机的打料横梁限位螺钉，以打料横梁能通过打料杆打下上模内的冲压废料为准

14. 重新检查装好的模具及压力机，无误时可开机进行正式试冲至合格

四、评价与分析

填写学习活动过程自评表（见表2-1-2）。

表 2-1-2　　　　　　　　　　　学习活动过程自评表

班级_____　学生姓名_____　组别_____　时间_____年____月____日

评价指标	评价要素	分值	实际得分
信息检索	1. 能有效利用教学资源或实训手册查询冲压加工与冲压设备信息，并能把查询的信息有效转换到学习活动中 2. 能通过咨询、小组讨论等方式，以典型的冲压产品为例陈述其生产方法，了解冲压模具的种类 3. 利用实训室仿真软件，明确冲压模具在设备上的安装方法和要求	20	
感知工作	1. 能简述曲柄压力机的组成及工作原理 2. 能简述模具封闭高度调整方法和要求	20	
参与状态	1. 主动参与学习活动，与同学交流关键知识点，展示关键技能点 2. 在教师的指导下，以产品的生产过程为导向，分组讨论冲压模具种类	10	
学习方法	1. 通过线上线下结合的方式，自主学习冲压的生产过程，记录学习进度及关键要点 2. 能与他人有效合作探究，积极参与小组讨论交流 3. 在教师的指导下，能独立细致地完成学习任务，具有一定的创新性	15	
学习过程	1. 正确、完整陈述典型冲压模具分类、结构及工作过程 2. 分析常见冲压件的特点，能主动发现、提出有价值的问题或提出合理化的建议 3. 能按步骤要求完成模具闭合高度调整，并满足试生产要求 4. 记录并反映上课的出勤情况和完成工作任务情况	25	
自评反馈	1. 按时按质地完成学习任务，较好地掌握专业知识点 2. 积极参与学习过程中的每个环节，具有较强的信息分析能力和理解能力	10	
合计		100	
评定等级			
自我总结			
努力方向			

注：等级评定 A ≥ 85（好）、85>B ≥ 70（较好）、70>C ≥ 60（一般）、D<60（有待提高）

学习活动二 冲压模具的分类、组成、装配与故障处理

学习目标

1. 明确冲压模具的分类方法,理解复合模具的性质与功能。
2. 掌握冲压模具的组成与结构,正确完成装配、调试、试冲模具等环节。
3. 能接受冲压模具维护保养任务,明确任务要求,根据制件故障原因,确定模具修复的措施。

一、冲压模具的分类及组成

1. 冲压模具分类

(1)按照工艺性质分类。冲压模具按照工艺性质不同可分为冲裁模、成形模、拉深模、胀形模、缩口模等。

(2)按工序的组合形式分类。冲压模具按工序的组合形式不同可分为单工序冲压模、复合工序冲压模、多工位级进式冲压模(简称级进模)。

1)单工序冲压模。单工序冲压模一般有一个凸模和一个凹模,每次冲压行程只能完成一种冲压工序。基本冲压工序如图 2-2-1 所示。

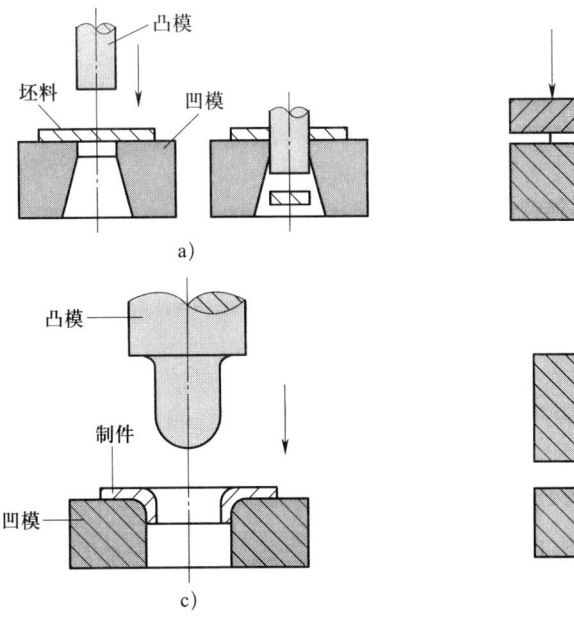
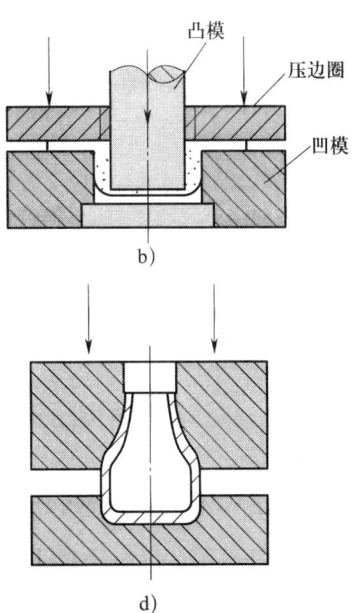

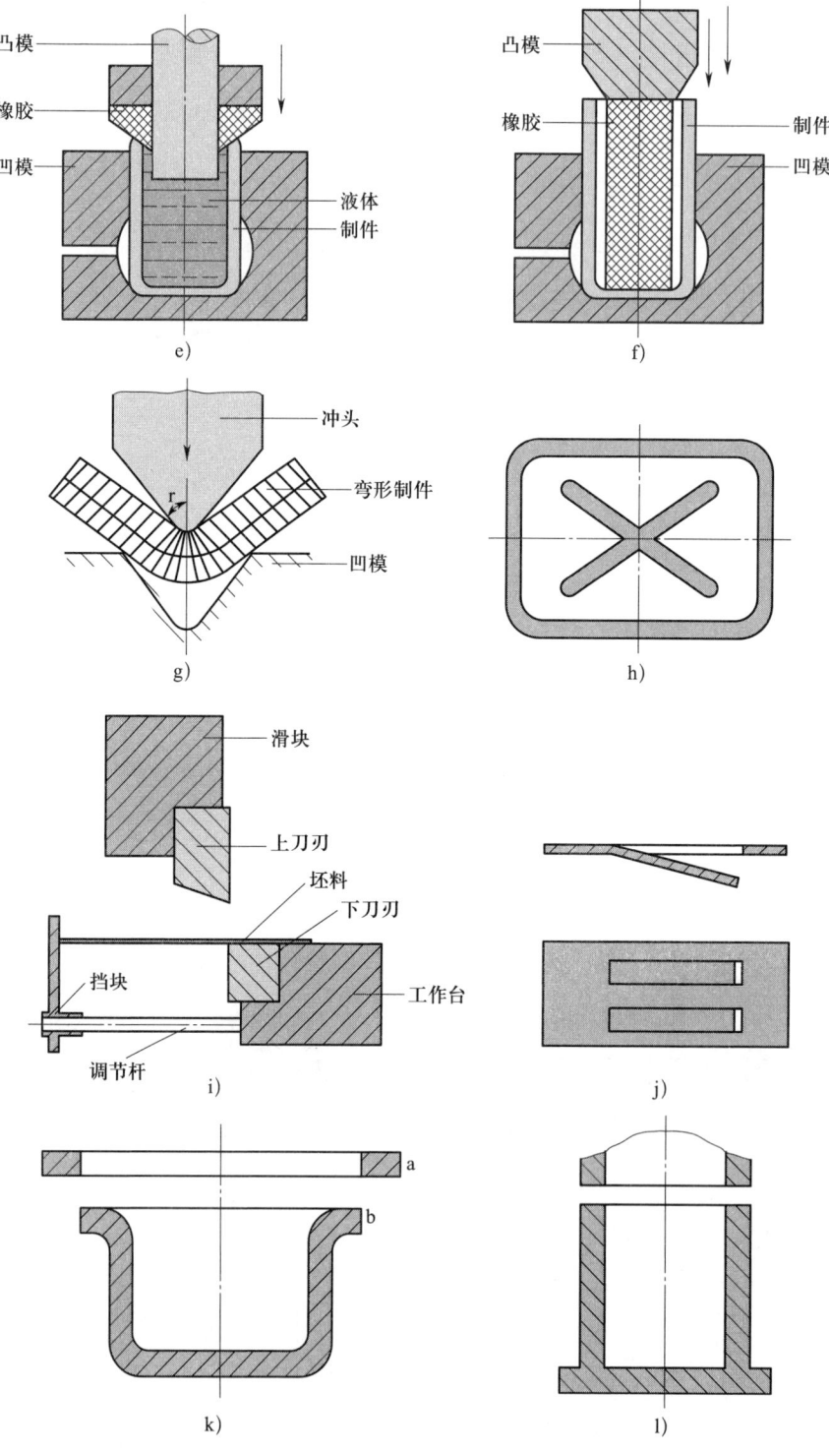

图 2-2-1 基本冲压工序

a）落料、冲孔 b）拉深 c）翻边 d）缩口 e）液压法胀形 f）橡胶胀形
g）弯曲 h）起伏 i）剪切 j）切舌 k）切边（边缘） l）切边（端面）

2）复合工序冲压模。复合工序冲压模是指单动压力机在一次行程中，可以在模具的同一位置上完成冲孔、落料、落料拉深或其他基本冲压工序组合的多工序模具。复合模的凸模和凹模都为复合式凸凹模，结构复杂，在装配维护时调整难度较大，不得有丝毫差错。若采用双动压力机，因设备有一个外滑块和一个内滑块，外滑块上固定压料圈，用于压料；内滑块上固定凸模，此类模具结构相对简单，但冲压设备成本较高。复合模可分为如下几种类型。

①冲裁类复合模：如落料冲孔复合模（见图2-2-2）、切断冲孔复合模等。

②成形类复合模：如弯曲复合模（见图2-2-3）、复合挤压模等。

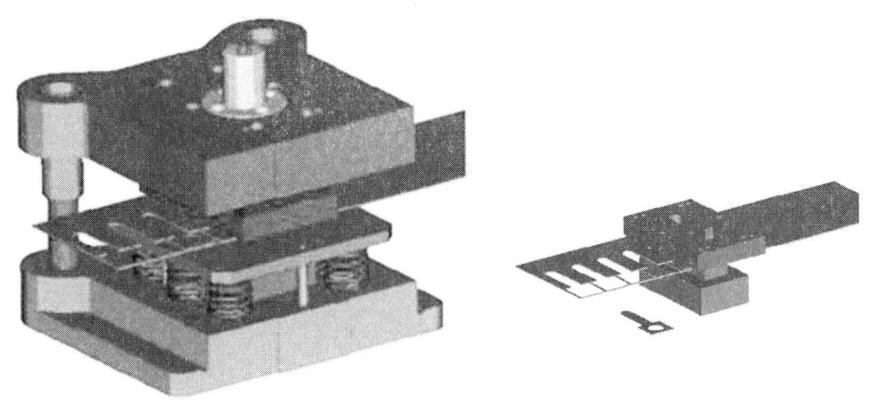

图 2-2-2 落料冲孔复合模

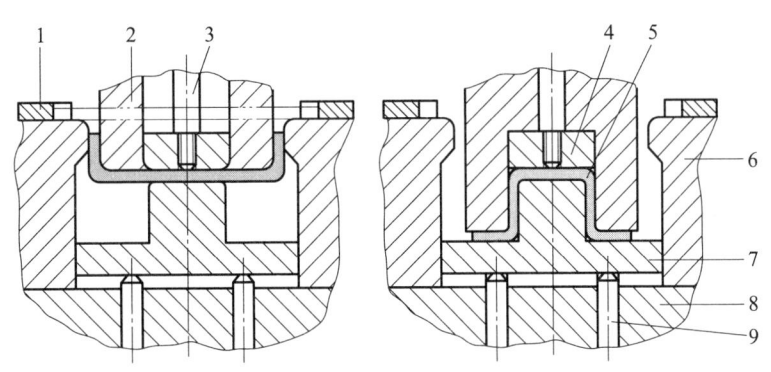

图 2-2-3 二次弯曲复合模
1—定位板；2—凸凹模；3—推件螺钉；4—推料块；5—制件；
6—凹模；7—凸模；8—下模座；9—顶件杆

③冲裁与成形复合模：如落料拉深复合模、冲孔翻边复合模、拉深切边复合模等。

3）多工位级进式冲压模（级进模）。多工位级进式冲压模（级进模）是一种多工位、高效率的冷冲压模具，在一副模具内有规律地安排多道工序进行冲压，常见的有挡料销定距的级进冲裁模和侧刃定距级进冲裁模，它包括冲裁、弯曲成形和拉深等多道工序，但对模具设计和使用维护要求高。冲孔弯曲落料级进模工序如图 2-2-4 所示。

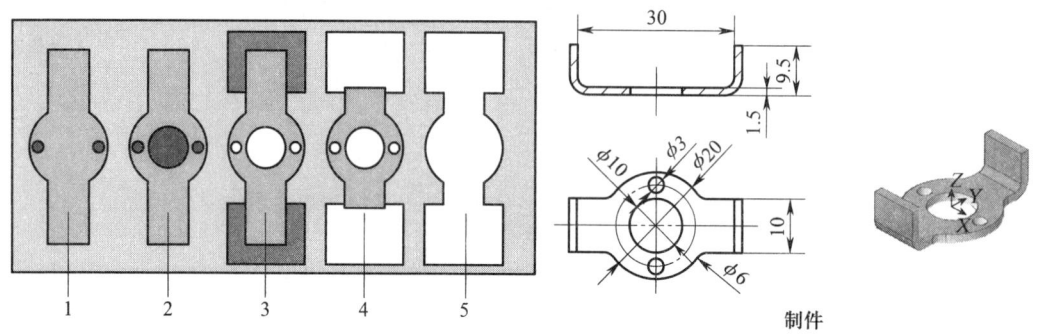

图 2-2-4　冲孔弯曲落料级进模工序示意图
1—冲 $2\times\phi3$ 孔；2—冲 $\phi10$ 孔；3—冲两端凹形；4—弯曲；5—落料

2. 冲压模具的组成

冲压模具一般由上下模座、凸模、凸模固定板、卸料板、凹模、凹模底座和导向机构等组成，但软凸模胀形模具除外。

同学们可以参照前面所述，自行分析图 2-2-5 所示模具结构，通过小组讨论的形式分析模具结构、装配关系及各零部件的功用。

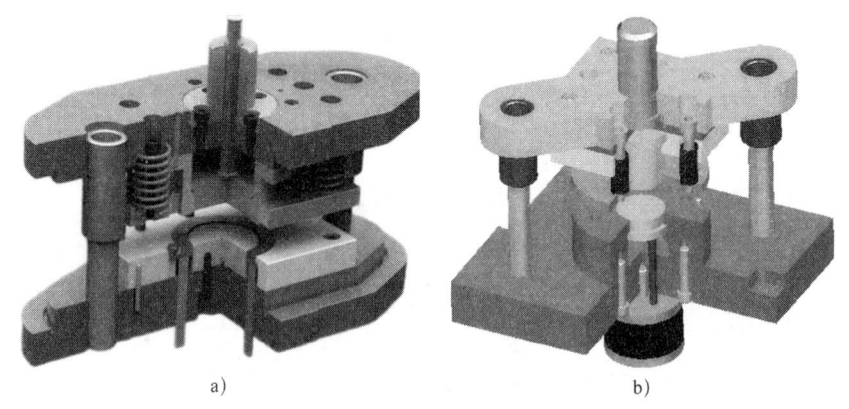

图 2-2-5　模具的结构
a) 导向压紧落料拉深复合模结构　b) 有导向装置落料模结构

二、冲压模具的装配流程

根据模具的技术要求加工成的零件或部件，按照工艺文件进行相互配合、定位与安装、连接与固定成为模具的过程，称为模具装配。模具的装配分为组件（部件）装配、总装和调试等阶段，其中调试工作极为重要，在组装尤其是在总装中，常常需要反复装拆、调整、修配，直至试模合格才算装配完成。模具的装配流程如图 2-2-6 所示。

学习任务二 冲压模具的维护与保养

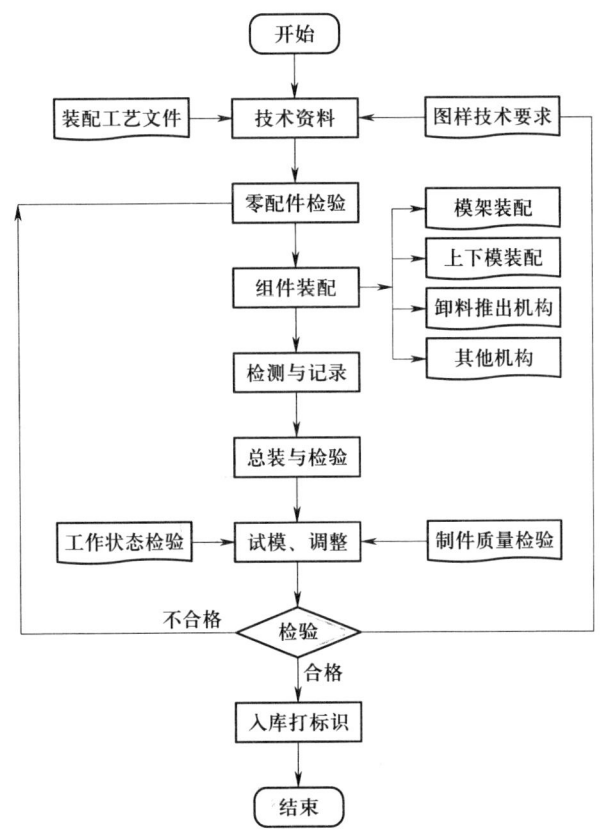

图 2-2-6 模具装配流程图

1. 装配

冲压模具装配是按照冲压模的设计图样和装配工艺规程，按照技术和生产要求把组成冲压模具的各个零件连接并固定起来的过程。

（1）准备工作

1）阅读装配图，明确工艺过程。通过阅读装配图（见图 2-2-7），了解模具的功能、原理、结构特征及各零件间的连接关系；通过阅读工艺规程了解模具装配工艺过程中的操作方法及验收等内容，从而明确该模具的装配顺序、装配方法、装配基准、装配精度，为顺利装配模具构思出一个切实可行的装配方案。

2）清点零件、标准件及辅助材料。按照装配图上的零件明细表，首先列出零件清单，从仓库中领出相应的零件进行整理，特别是对凸、凹模等重要零件进行仔细检查，以防出现裂纹等缺陷而影响装配；然后列出标准件清单，准备所需的销钉、螺钉、弹簧、垫片、导柱、导套、模板等零件；最后列出辅助材料清单，准备所需的橡胶、铜片、低熔点合金、环氧树脂、无机黏结剂等。

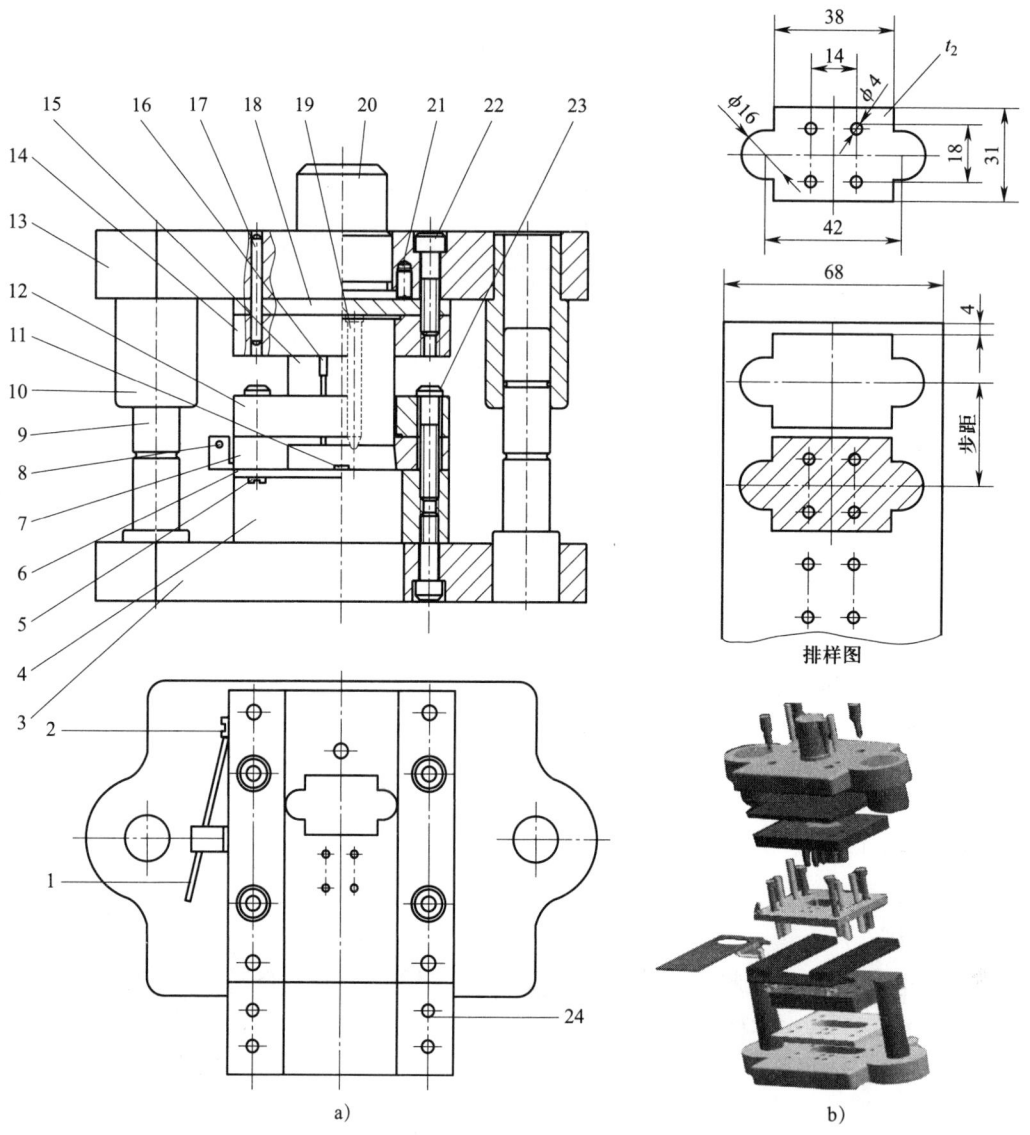

图 2-2-7 冲孔落料级进模

a) 装配图 b) 排样图与装配爆炸图

1—弹簧片；2—弹簧片固定螺钉；3—下模座；4—组合凹模；5—承料板固定螺钉；6—承料板；7—导料板；8—始用导料钉；9—导柱；10—导套；11—挡料钉；12—卸料板；13—上模座；14—凸模固定板；15—落料凸模；16—冲孔凸模；17—圆柱销；18—垫板；19—导正销；20—模柄；21—防转螺钉；22—内六角螺钉；23—长螺钉；24—圆柱销

3) 布置装配场地，领取工具、量具等。装配场地是安全文明生产不可缺少的条件，是提高装配效率的环境条件，所以必须将装配场地清理干净，还要将待用的设备、工具、量具、刀具及夹具等工艺装备准备好，并按类别整理分类摆放。

（2）装配工作。装配工作可分为组件装配和总体装配。

1）组件装配。组件装配是把两个或两个以上的零件按照装配要求，使之成为一个组件的局部装配工作，简称组装。如冲压模具中的凸（凹）模与固定板的组装、顶料装置的组装、导柱导套的组装等。

2）总体装配。总体装配是把零件和组件通过连接或固定成为模具整体的装配工作，简称总装。总装要根据装配工艺规程安排，依照装配顺序和方法进行，保证装配精度，达到规定技术指标。

装配之前必须将模具所有零部件认真清理，不能有夹杂物、毛刺、锈蚀等，配合部位可适当涂上润滑油，导柱、导套要均匀涂上钙基润滑脂。

2. 检验

检验贯穿于整个工艺过程之中，在单个零件加工之后、组件装配之后以及总装配完工之后，都要按照工艺规程的相应技术要求进行检验，其目的是控制和减小每个环节的误差，保证最终模具整体装配的精度要求，验证模具质量及精度。

3. 试模

冲压模装配完成，经外观和空载检验合格后，确认在质量和安全上没有问题时才能进行试模。通过试模检查各道工序是否存在毛坯尺寸、间隙大小、设计与加工等技术上的问题，并随之进行相应调整或修配，直到制件达到质量标准时，模具才算合格。试模合格后，还要按照技术文件要求编制制件生产的工艺规范。试模还应注意以下事项。

（1）在试模前，要对模具进行一次全面检查，检查无误后，才能安装在设备上。

（2）试模时，模具一定要安装紧固，不能有松动。

（3）模具各活动部位在试模前或试模中要加润滑剂润滑。

（4）试模使用的压力机、液压机要符合模具设计时的工艺要求。

4. 调试

通过试冲对制件的质量和模具的性能进行综合考核和检测，全面、认真地分析试冲中出现的各类问题，找出产生的原因，并对冲压模具进行适当调整与修正，直到最终得到质量合格的制件。

5. 入库

模具入库时应附带模具检验合格证和合格的试件。当对试件数量没有具体规定时，每道工序不少于3~10个制件。

三、模具拆装现场管理规范

整理。把要与不要的事、物分开，将不需要的事、物加以处理。坚决把现场不需要的东西清理掉。

整顿。对生产现场需要留下的物品进行科学合理的布置和摆放，以便用最快的速度取得所需之物，在有效的规章、制度和简捷的流程下完成作业。现场标识清楚、摆放整齐，实训日志及时填写完整。

清扫。把工作场所打扫干净，设备异常时马上修理，使之恢复正常。清除场所内的脏污、杂物，并防止污染发生。对设备、模具按时清洗和维护，保持工作场所干净、明亮。

清洁。落实前面整理、整顿、清扫三项工作制度化、规范化，并保持工作现场达到最佳状态。

素养。努力提高人员的修养，养成严格遵守规章制度的习惯。

安全。清除隐患、排除险情，预防事故的发生。加强作业人员安全意识教育，签订安全责任书。随时检查设备、模具放置稳定性、设备安全工作状态，结束时关好门窗、水、电、气，牢记树立安全第一的责任意识。

节约。对时间、空间、能源等方面合理利用。节约材料、水电等，充分利用物品的价值，降低成本。

学习。深入学习专业知识，不断提高专业技能。学会与他人沟通，做到互补、互助、互利，强化服务和工匠意识。

四、冲压模具的故障处理

模具在试生产或生产过程中出现异常现象，导致出现制件产品质量不合格、生产操作困难、效率低下等异常情况，都需要按流程报修维护，并填写模具报修单（见表2-2-1）。

表2-2-1　　　　　　　　　　模具报修单

模具名称		模具编号		模具类型	
维修性质	□修模	□改模		□试生产	申请人	
送修时间		完成时间		车间主管	
急用		较急		一般	修模人	

修改（模）原因：

续表

修改（模）项目记录：

实际完成时间：　　年　月　日　　耗时：　　　　修（改）模人：

试模情况记录：

车间主管：

验证结论：

检验员：　　　　质管员：

1. 冲压模具常见失效形式及处理措施

单工序冲压模具失效形式相对级进模而言较为简单，级进模结构复杂、制造难度大、制造精度高、生产率高、对操作人员要求高。下面以级进模为例分析冲压模具的失效形式及处理措施（见表2-2-2），在级进模的冲压生产中，针对冲压不良现象必须做到具体问题具体分析，采取行之有效的处理措施，从根本上解决所发生的问题，才能实现降低生产成本、顺利生产的目的。

表 2-2-2　　　　　　　　　　级进模具常见失效形式及处理措施

序号	失效形式	原因	措施
1	冲件毛边	A. 刃口磨损；B. 间隙过大，研修刃口后效果不明显；C. 刃口崩角；D. 间隙不合理、上下偏移或松动；E. 模具上下错位	A. 研修刃口；B. 控制凸凹模加工精度或修改设计间隙；C. 修磨刃口；D. 调整冲裁间隙；E. 更换导向件或重新组模

续表

序号	失效形式	原因	措施
2	跳屑压伤	A. 间隙偏大；B. 送料不当；C. 冲压油滴太快，油黏度大；D. 模具未退磁；E. 凸模磨损，屑料压附在凸模上；F. 凸模太短，插入凹模长度不足；G. 制件材质较硬，冲切形状不规则；H. 送进速度过快而不能及时排屑	A. 控制凸凹模加工精度或修改设计间隙；B. 送至适当位置时修剪料带并及时清理模具；C. 控制冲压油滴油量，或更换油种降低黏度；D. 研修后必须退磁；E. 研修凸模刃口；F. 调整凸模刃伸入凹模长度；G. 更换材料，修改设计；H. 减小凹模刃口的锋利度，减小凹模刃口的研修量，增加凹模直刃部表面的粗糙度，采用吸尘器吸废料，降低冲速，减缓跳屑
3	屑料阻塞	A. 漏料孔偏小；B. 漏料孔偏大，屑料翻滚；C. 刃口磨损，毛边较大；D. 冲压油滴太快，油黏度大；E. 凹模直刃部表面粗糙，粉屑烧结附着于刃部；F. 材质较软	A. 修改漏料孔；B. 修改漏料孔；C. 研修刃口；D. 控制滴油量，更换油种；E. 表面处理、抛光，加工时注意减小表面粗糙度；F. 减小冲裁间隙，凸模刃部端面修出斜度以增加刃口锋利程度，在垫板落料孔处加吹气
4	下料偏位尺寸变异	A. 凸凹模刃口磨损，产生毛边；B. 设计尺寸及间隙不当，加工精度差；C. 下料位凸模及凹模镶块等偏位，间隙不均；D. 导正销磨损，直径不足；E. 导向件磨损；F. 送料机送距、压料、松紧调整不当；G. 模具闭模高度调整不当；H. 脱料镶块压料位磨损，无压料（强压）功能；I. 卸料镶块强压太深，冲孔偏大；J. 冲压材料力学性能变异（强度、延伸率不稳定）；K. 冲切时，冲切力对材料牵引，引发尺寸变异	A. 研修刃口；B. 修改设计，控制加工精度；C. 调整位置精度、冲裁间隙；D. 更换导正销；E. 更换导柱、导套；F. 重新调整送料机；G. 重新调整闭模高度；H. 研磨或更换脱料镶块，增加强压功能，调整压料；I. 减小强压深度；J. 更换材料，控制进料质量；K. 凸模刃部端面修出斜度或弧形，以改善冲切时受力状况，在许可条件下，在下料部位与卸料镶块上加设导位功能
5	卡料	A. 送料机送距、压料、放松调整不当；B. 生产中送距产生变异；C. 送料机故障；D. 材料弧形，宽度超差，毛边较大；E. 模具冲压异常，引发镰刀弯；F. 导料孔径不足，上模拉料；G. 折弯或撕切位，上下脱料不顺；H. 导料板的脱料功能设置不当；I. 材料薄，送进过程中翘曲；J. 模具架设不当，与送料机垂直度偏差较大	A. 重新调整；B. 重新调整；C. 调整及维修；D. 更换材料，控制进料质量；E. 消除料带镰刀弯；F. 研修导正孔凸、凹模；G. 调整脱料弹簧力量等；H. 修改导料；I. 送料机与模具间加设上下压料，加设上下挤料安全开关；J. 重新架设模具
6	料带镰刀弯	A. 冲压毛边；B. 材料毛边，模具无切边；C. 冲床滑块深度不当；D. 冲件压伤，模内有屑料；E. 局部压料太深或压到局部损伤；F. 模具设计不合理	A. 研修下料刃口；B. 更换材料，模具加设切边装置；C. 重调冲床滑块深度；D. 清理模具，解决跳屑和压伤问题；E. 检查并调整各压料部位工作状况及凹模镶块高度尺寸，研修损伤位；F. 修改模具结构设计

续表

序号	失效形式	原因	措施
7	凸模断裂崩刃	A. 跳屑、屑料阻塞、卡模等；B. 送料不当，出现切半料；C. 凸模强度不足；D. 大小凸模相距太近，冲压时材料牵引，引发小凸模断裂；E. 凸模及凹模局部过尖；F. 冲裁间隙偏小；G. 无冲压油或使用的冲压油挥发性较强；H. 冲裁间隙不均、偏移，凸、凹模发生干涉；I. 脱料镶块精度差或磨损，失去精密导向功能；J. 模具导向不准、磨损；K. 凸、凹模材质选用不当，硬度不当；L. 导料件（销）磨损；M. 垫片加设不当	A. 解决跳屑、屑料阻塞、卡模等问题；B. 注意送料，及时修剪料带，及时清理模具；C. 修改设计，增加凸模整体强度，减短凹模直刃部尺寸，注意凸模刃部端面修出斜度或弧形，细小部后切；D. 小凸模长度磨短且比大凸模短一个料厚以上；E. 修改设计；F. 控制凸凹模加工精度或修改设计间隙，细小部冲切间隙适当加大；G. 调整冲压油滴油量或更换油种；H. 检查各成形件精度，并施以调整或更换，控制加工精度；I. 研修或更换；J. 更换导柱、导套，注意日常保养；K. 更换使用材质，使用合适硬度；L. 更换导料件；M. 修正垫片，垫片数量尽量少，且使用钢垫，凹模下垫片需垫在垫块下面
8	折弯变形尺寸变异	A. 导正销磨损，直径变小；B. 折弯导位元件部分精度差、磨损；C. 折弯凸、凹模磨损（压损）；D. 模具让位不足；E. 材料滑移，折弯凸、凹模无导位功能，折弯时未施以预压；F. 模具结构及设计尺寸不良；G. 冲件毛边，引发折弯不良；H. 折弯部位凸模、凹模加设垫片较多，造成尺寸不稳定；I. 材料厚度尺寸变异；J. 材料力学性能变异	A. 更换导正销；B. 重新研磨或更换；C. 重新研磨或更换；D. 检查，修正；E. 修改设计，增设导位及预压功能；F. 修改设计尺寸，分解折弯，增加折弯整形等；G. 研修下料位刃口；H. 调整，采用整体钢垫；I. 更换材料，控制进料质量；J. 更换材料，控制进料质量
9	冲件高低（一模多件时）	A. 冲件毛边；B. 冲件有压伤，模内有屑料；C. 凸、凹模（折弯位）压损或损伤；D. 冲剪时翻料；E. 相关压料部位磨损、压损；F. 相关撕切位尺寸不一致，刃口磨损；G. 相关易断位预切深度不一致，凸、凹模有磨损或崩刃；H. 相关的凸出部位、凹模有崩刃或磨损较为严重；I. 模具设计缺陷	A. 研修下料位刃口；B. 清理模具，解决屑料上浮问题；C. 重新研磨或更换新件；D. 研修冲切刃口，调整或增设强压功能；E. 检查，实施维护或更换；F. 维修或更换，保证撕切状况一致；G. 检查预切凸、凹模状况，实施维护或更换；H. 检查凸、凹模状况，实施维护或更换；I. 修改设计，加设高低调整或增设整形工位
10	维护不当	A. 模具无防呆功能；B. 组装模具时疏忽导致装反方向、错位（指不同工位）等；C. 已经偏移过间隙的镶件未按原状复原	A. 修改模具，增加防呆功能；B. 采用在模具上做记号等方式，在组装模具后对照料带做必要的检查确认，并作出书面记录，以便查询；C. 按原状复原镶件

2. 记录模具失效情况

模具维修前要到生产现场或实训室勘察，向操作人员了解、记录制件质量和模具性能及工作状态，并判断模具失效形式是否与报修单上所列的报修项目相一致。

五、引导问题与练习

1. 填空题

（1）模具的装配包括_____、_____和_____三个环节。

（2）模具装配后必须经过_____，发现是否存在_____等技术问题。

2. 选择题

（1）凸模断裂崩刃的原因是（　　）。

A. 卡模　　　　　　　　　　　B. 强度不足

C. 送料不当　　　　　　　　　D. 间隙过大

（2）级进模毛刺过长的原因是（　　）。

A. 模具硬度不足　　　　　　　B. 强度不足

C. 送料不当　　　　　　　　　D. 凸凹间隙过大

（3）冲压件出现二次冲孔的原因是（　　）。

A. 模具设计不合理　　　　　　B. 定位挡料装置不准确

C. 送料不当　　　　　　　　　D. 凸凹间隙过大

3. 简要介绍冲压模具的分类。

4. 简述针对凸模断裂崩刃的解决措施。

5. 简述模具拆装现场管理规范的主要内容。

6. 结合所学的知识分析图 2-2-8 所示的冲压制件产生缺陷的原因，经过小组讨论找出解决问题对策，并回答下列问题。

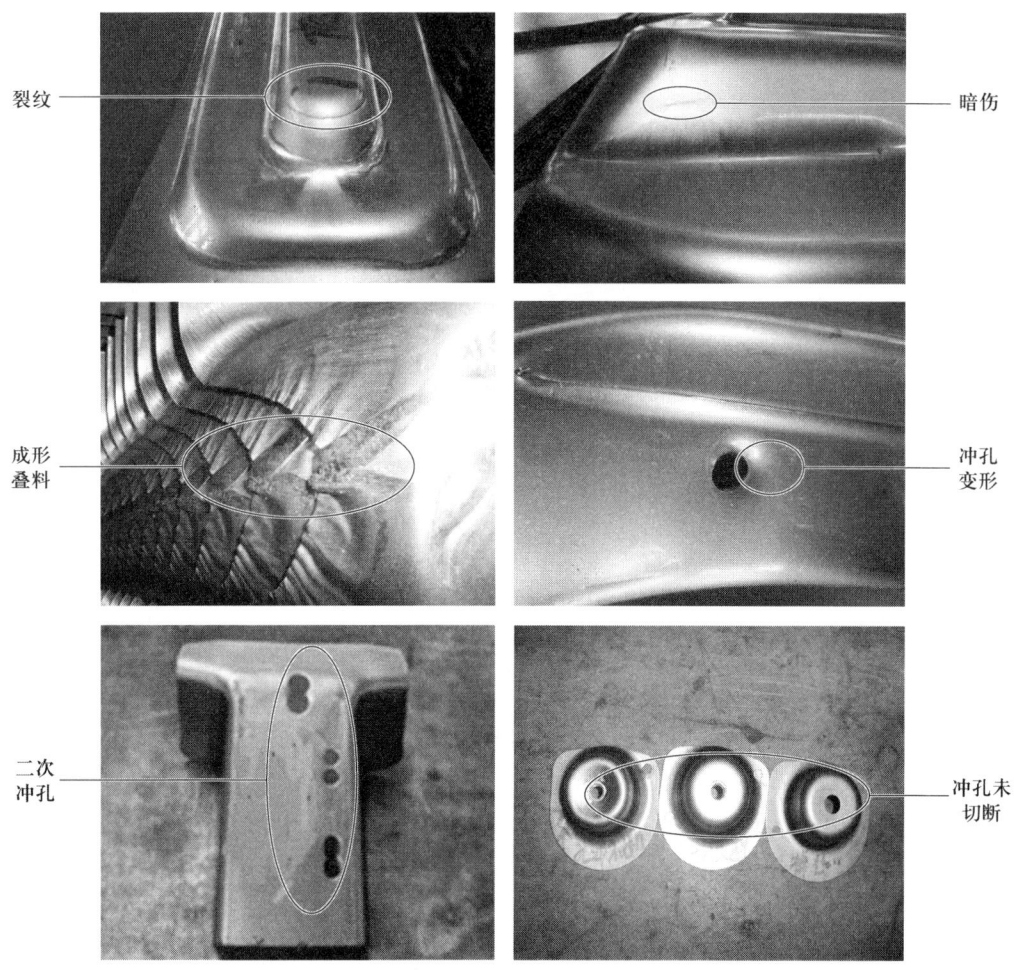

图 2-2-8 冲压制件常见缺陷

（1）产生制件卡料的原因是什么？应该如何排除？

（2）分析冲孔落料级进模结构要素，使用量具测量相应的尺寸，查找制件产生毛刺过长的原因。

(3)造成拉深件有暗伤的原因是什么？简述你的处理措施。

(4)造成拉深件有裂纹的原因是什么？能够采用什么措施处理？

(5)造成拉深件有成形叠料的原因是什么？应该如何解决？

(6)造成冲孔未切断的原因是什么？简述排除故障的步骤和方法。

能力拓展：结合图 2-2-9 模具结构，简述刚性胀形冲压模具的工作原理。

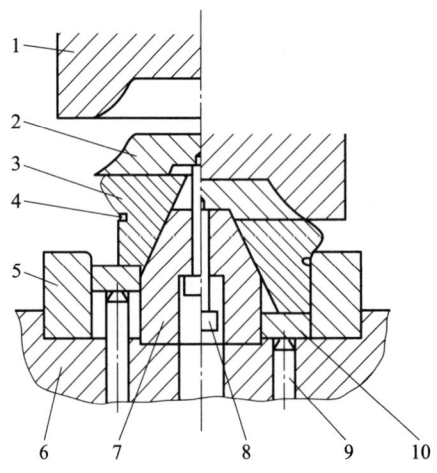

图 2-2-9　刚性胀形冲压模具
1—凹模；2—组合凸模；3—分瓣凸模；4—拉簧；5—定位圈；
6—下模垫板；7—锥形芯块；8—复位螺钉；9—推件杆；10—垫圈

六、评价与分析

填写学习活动过程自评表（见表 2-2-3）。

表 2-2-3　　　　　　　　　　　学习活动过程自评表

班级＿＿＿＿＿＿　学生姓名＿＿＿＿＿＿　组别＿＿＿＿＿＿　时间＿＿＿＿＿年＿＿＿月＿＿＿日

评价指标	评价要素	分值	实际得分
信息检索	1. 能有效利用教学资源或实训手册查询冲压模具的分类方法，理解复合模具的性质与功能，并能把查询的信息有效转换到学习活动中 2. 能通过咨询、小组讨论等方式，明确常见典型冲压模具的组成与结构	20	
感知工作	1. 能正确识读典型冲压模具的组成，简要说明其结构特点 2. 能结合模具使用情况，说明冲压模具的故障现象 3. 能针对图样说明复合冲裁模具的工作过程	20	
参与状态	1. 主动参与学习活动，与同学交流关键知识点，展示关键技能点 2. 在教师的指导下，分组说明冲压模具组成与结构关系 3. 能够按要求完成冲压模具装配调试等流程，进行多向、适宜的信息交流	10	
学习方法	1. 通过线上线下结合的方式，自主学习冲压模具失效形式及其产生原因，记录其关键知识点与技能点 2. 能与他人有效合作探究，积极参与小组讨论交流 3. 在教师的指导下，能独立细致地完成学习任务，具有一定的创新性	15	
学习过程	1. 熟悉冲压模具的分类方法，简述典型产品冲压生产特点 2. 掌握冲压模具的组成与结构，按流程完成装配、调试、试冲模具等环节 3. 能明确冲压模具维护保养任务要求，结合制件质量找出模具失效原因，确定修复模具的措施。正确完成模具报修单等相关表格，提出合理化的建议 4. 记录并反映上课的出勤情况和完成工作任务情况	25	
自评反馈	1. 按时按质地完成学习任务，较好地掌握专业知识点 2. 积极参与学习过程中的每个环节，具有较强的信息分析能力和理解能力	10	
合计		100	
评定等级			
自我总结			
努力方向			

注：等级评定 A ≥ 85（好）、85>B ≥ 70（较好）、70>C ≥ 60（一般）、D<60（有待提高）

学习活动三　冲压模具的保管与技术状态鉴定

学习目标

1. 能正确描述冲压模具保管的主要内容。
2. 能正确完整地填写冲压模具维护管理卡，办理相关手续。
3. 能结合制件质量状态制定冲压模具技术状态鉴定方案并实施。

一、冲压模具的保管

模具的保管应做到账、物、卡相符，分类管理。小型模具分类放置在模具陈列架上，如图2-3-1、图2-3-2所示。模具一般不能拆开存放，以免零件丢失，长期不使用的模具要定期做好防锈处理，填写好模具维护管理卡（见表2-3-1），并按管理流程实施技术管理。

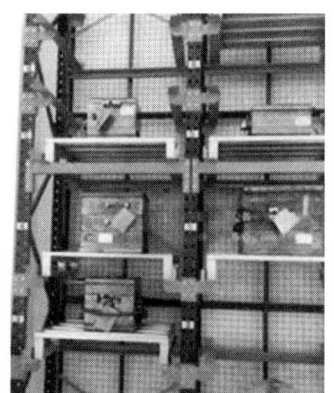

图 2-3-1　模具陈列架

图 2-3-2　带移位起重模具架

表 2-3-1　　　　　　　　　　模具维护管理卡

模具名称		模具维修记录					
模具序号		维修日期	维修内容	维修单位	完成日期	完成状况	记录人
模具料号		月　日			月　日		
设备名称		月　日			月　日		
外形尺寸		月　日			月　日		
入厂日期	年　月　日	月　日			月　日		
制造商		月　日			月　日		

续表

修复原因	
改进内容	

产品图片	生产数量统计记录本 （依据：本月生产日报表良品数及废品数）						
	月份	年度		年度		年度	
		本月生产数	累计数	本月生产数	累计数	本月生产数	累计数

保存年限：　　　年　　　审核：　　　　　　　　　记录：

模具维护管理卡是对模具进行技术状态鉴定的依据，平时挂在模具上，要求一模一卡。模具使用后，要立即在模具维护管理卡上按要求填写，与模具一并入库保管。模具维护管理卡要保持干净，必要时可用塑料袋存放，以免长期使用而损坏。

每副模具还应建立技术资料档案，包括模具的原始图纸、备件规格、制件情况、制件数量、维修改造状况等，以便于今后对该模具进行正确、合理的使用。模具的技术资料档案及模具维护管理卡要做到定期归档。

1. 模具的分类管理

（1）模具应按照标准进行管理，一般包括技术标准、生产组织标准和经营管理标准。模具的分类管理指按模具的种类或使用机床分类进行保管，也可按制件的类别分组管理，一般是按照制件分组管理，如图 2-3-3 所示。例如一个冲压制品，分别要经过拉深（多次拉深）、切边冲孔、翻边三道工序才能完成，可以将这三道工序使用的拉深（多次拉深）模、切边冲孔模、翻边模等一系列模具统一放在一起进行管理和保存，以便在使用时方便地存取模具，这样也方便根据制件情况对模具进行维护和保养。

（2）每一副模具都应该有一个编号，不同模具有不同的编号，这样有利于科学管理。模具的编号各企业都有自己的一套规定，目前尚无国家标准，下面列举几种模具编号方法，供参考。

1）使用产品类型代号、零部件代号、模具类别代号及变更代号，中间用"—"进行连接。如某电子企业生产产品，USB 接口模具—母座，USB—MD—▲▲；高清接口模具—母座，HDMI—MD—▲▲。

图 2-3-3 模具分类存放与管理

2）使用汉语拼音开头字母作为不同模具的区分号，如热模类，用 RM 表示；冷模类，用 LM 表示，中间加横线，后面为顺序号。也可以在模具类别区分号前冠以工厂区分号。

3）某制件因工序不同需要多套模具才能完成的，可用 A、B、C 表示第 1 套、第 2 套、第 3 套等。

（3）为了便于管理和使用，每副模具都应有标记，标记的形式目前无统一规定，但标记的内容应包括模具图号、制造日期、制造厂名，有的还包含制件号、产品号（指制件所属某产品的型号）和工号（主要指装配者代号）等，模具在装配、试模、检验合格后，签发合格证时应检查模具上是否有完整的标记。

2. 模具入库管理

（1）入库的新模具必须要有检验合格证或验收合格记录，并要附带经试模后或使用后的合格制品末件。

（2）使用后的模具若需重新入库进行保管，一定要有技术状态鉴定记录，确认下次是否还能正常继续使用。

（3）经维修保养恢复技术状态的模具，应经维修人员自检和工艺人员确认合格。

（4）经修理后的模具，调试合格后，试件须经检验人员验收并将试件存放在模具内。

3. 模具的储存保管

（1）储存模具的库房应通风良好，避免潮湿，摆放应便于存放及取出。

（2）储存模具时，应按分类标记存放并摆放整齐。

（3）对于小型模具应成套存放在陈列架上保管，大、中型模具存放在车间平台上，且成"金字塔"形。

（4）模具存放前应擦拭干净，导向部位加注润滑油。

（5）在凸模、凹模刃口及型腔处，导套导柱、导向装置接触面上涂抹防锈油，以防长期存放而生锈。

（6）模具在存放时按其工作位置放置，不能倒立或侧翻旋转，并且保存的保护块要完整（特别是大、中型模具），以避免卸料装置长期受压而失效。

（7）模具（特别是大、中型模具）上下模应整体装配后存放，不能拆开存放，以免损坏丢失工作零件。

（8）对于长期不使用的模具，应经常检查其完好程度，若发现锈斑或灰尘应及时处理。

4. 模具报废及复制

（1）模具报废

1）属于自然磨损又不能修复的模具。当模具出现严重磨损、定位失准、严重变形等情况，经工艺部门确认不能修复或修复费用大于原值时，由使用部门出具报废报告，经工艺部门认可，上报主管批准后办理报废手续。

2）模具非正常损坏。由责任部门出具事故报告，注明损坏原因，报相关部门确认是否能够修复，不能修复的办理报废手续。

3）由于图样改版或工艺改变使模具报废的，应由设计部门填写报废单，写明改版后的图号及改版原因，经工艺部门会签后，按自然磨损报废处理。

4）模具经试模后或鉴定不合格而又无法修复时，由技术部门组织工艺、设计、制造、检验部门共同进行分析，找出原因再进行报废。

（2）模具复制

1）报废的模具，如属于现产品要继续生产，需要对小型模具进行复制，大、中型模具由工艺部门负责联系模具生产部门或模具开发厂家对报废模具进行复制。

2）按有关技术要求对复制模具进行验收。

（3）模具备用件管理。为了使损坏模具能迅速恢复到原来的技术状态，缩短修理周期，在车间要设有备件库，储备一定数量的易损件，储备时应对每一副模具确定出易损件种类，在库中至少应有2~3个备用件，以保证生产能正常进行。

二、对冲压模具进行技术状态鉴定

冲压模具在使用过程中，由于自然磨损、模具制造工艺不合理、模具在机床上安装或使用不当、误送料以及设备发生故障等原因，都会使模具的主要零部件失去原有的使用性能和精度，致使模具的技术状态日趋恶化，影响生产的正常进行和制件的质量。

冲压模具的技术状态鉴定一般分两种，即新模具制成后的技术状态鉴定和模具修理后的技术状态鉴定。冲压模具的技术状态鉴定是通过试模来进行的，对在使用中的冲压模具进行技术状态鉴定，主要是通过对制件质量状况和冲压模具工作状态检查来进行的。

1. 冲压模具的工作性能检查

冲压模具在使用过程中或在使用后，应对其性能及工作状态进行详细的检查，检查主要包括以下内容。

（1）冲压模具工作成形零件的检查。在冲压模具工作中或工作后，结合制件的质量情况，对其凸、凹模进行检查，即凸、凹模是否有裂纹、损坏及严重磨损，凸、凹模间隙是否均匀及其大小是否合适，刃口是否锋利（冲裁模）等。如果发现冲裁件有毛刺时，首先测量刃口尺寸，然后检查凸、凹模刃口是否变钝及间隙不均，若有上述情况，必须做必要的修整和处理。

（2）模具导向装置的检查。检查导向装置的导柱、导套及导板是否有严重磨损，其配合间隙是否过大，安装在模板上是否松动。

（3）卸料装置的检查。检查冲压模具的推件及卸料装置动作是否灵敏可靠，顶件杆是否弯曲、折断，卸料用的橡胶及弹簧弹力大小是否合适、工作是否平稳，有无严重磨损及变形。

（4）定位装置的检查。检查定位装置是否可靠，定位销、定位板有无松动及严重磨损的情况。结合制件检查时，若制品的外形、孔位发生变化及质量不符合要求时，则可能是定位装置出了问题，应严格检查。

（5）安全防护装置的检查。一些冲压模具设有安全防护装置，如防护板、传感器等设施，应着重检查这些安全防护装置使用的可靠性，检查动作是否灵敏、安全。

（6）自动系统的检查。检查自动系统的各零件是否损坏，动作是否协调，能否自动送料和退料。

2. 制件的质量检查

制件的质量检查是冲压模具技术状态鉴定的重要手段，下面对质量检查的内容和方法进行介绍。

（1）制件质量检查的内容

1）制件形状及表面质量有无明显缺陷和不足。

2）制件各部位尺寸精度有无降低，是否符合图样规定的要求。

3）冲裁后的毛刺是否超过规定的要求，有无明显的变化。拉深件侧壁有无拉毛、拉裂、拉皱等，弯曲件的弯曲角度有无明显变化等。

（2）制件质量检查的方法

在进行冲压模具技术鉴定时，对制件质量的检查应分三个阶段进行。

1）制件的首件检查。主要检查其尺寸、毛刺大小、余料排样是否均匀等，判断制件是否合格。

2）冲压模具使用中的检查。主要检查方法是测量尺寸、孔位、形状精度，观察毛刺状况。通过检查，随时可以掌握冲压模的磨损和使用性能状况。

3）末件检查。在冲压模具使用完毕后，应将最后几个制件做详细检查，检查确定质量状况。检查应根据工序性质进行，如冲裁件主要检查外形尺寸、孔位变化及毛刺变化情况；拉深件主要检查拉深形状、表面质量及尺寸变化状况；弯曲件主要检查弯曲圆角、形状位置变化状况。通过末件质量检查状况及已冲件的数量，来判断冲压模具的磨损状况或有无修理的必要，以防止在下一次使用时引起事故或中断生产。

通过工作性能、制件质量的两种检查结果，可基本上确定出冲压模具的技术状态情况，并以此为主要依据决定冲压模具修理及报废意见。

在进行冲压模具技术状态鉴定时，对于每副冲压模具都应建立技术状态鉴定档案，填写模具维护管理卡，记录下处理意见和技术状态情况以便于今后对该冲压模做到正确、合理地使用。

三、引导问题与练习

1. 选择题

（1）制件的质量检查包括（　　　）。

A. 形状　　　　　　　　　　B. 尺寸精度

C. 表面质量　　　　　　　　D. 位置精度

（2）冲压模使用完毕后，冲裁件末件主要检查（　　）、（　　）及（　　）情况。

A. 外形尺寸　　　　　　　　B. 孔位变化

C. 毛刺变化　　　　　　　　D. 材料硬度

（3）冲压模技术状态鉴定包括（　　　）。

A. 模具工作性能　　　　　　B. 制件质量

C. 模具的工作性能和制件质量　　D. A、B、C 都不是

（4）冲压模的技术状态鉴定一般分为（　　）和（　　）进行，通过（　　）方法鉴定。

A. 新模具制成　　　　　　　B. 模具修理后

C. 试模　　　　　　　　　　D. 批量生产

（5）模具的分类管理方法有（　　　）。

A. 按模具的种类分　　　　　B. 按使用机床分类分

C. 按制件分组　　　　　　　D. A、B、C 都是

（6）模具报废类型有（　　）。
A. 自然磨损　　　　　　　　　B. 非正常损坏
C. 图样改版或工艺改变　　　　D. A、B、C 都是

2. 判断题

（　）（1）对使用中的冲压模进行技术状态鉴定时，主要是通过对制件质量状况和冲压模工作状态检查来进行的。

（　）（2）模具的工作性能检查只包括导向装置的导柱、导套及导板是否有严重磨损，其配合间隙是否过大，安装在模板上是否松动。

（　）（3）模具技术状态鉴定主要是指制件形状是否符合要求。

（　）（4）冲压模使用中主要测量尺寸、孔位、形状精度，不需要观察毛刺状况。

（　）（5）在模具生产过程中只需要首件和末件检查，不需要中间抽检。

（　）（6）冲裁模具的末件检查主要检查外形尺寸、孔位变化及毛刺变化情况。

（　）（7）通过末件质量检查状况及已冲件的数量，来判断冲压模的磨损状况，以防止在下一次使用时引起事故或中断生产。

3. 模具分类管理的具体要求是什么？

4. 模具的储存保管应注意哪些事项？应该如何对模具进行编号登记？

5. 模具报废的情况有哪些？报废的程序是什么？

6. 模具维护管理卡的作用是什么？

7. 如何对冲孔模具的凸模、凹模的工作部分进行报废和复制？

8. 如何进行冲压模具的工作性能检查？

9. 冲裁件的质量鉴定有哪些方法？

10. 冲压模具在使用过程中及使用后的技术状态鉴定包括哪些方面？

能力拓展：根据图 2-3-4 落料模具结构图画出凹模的三视图。

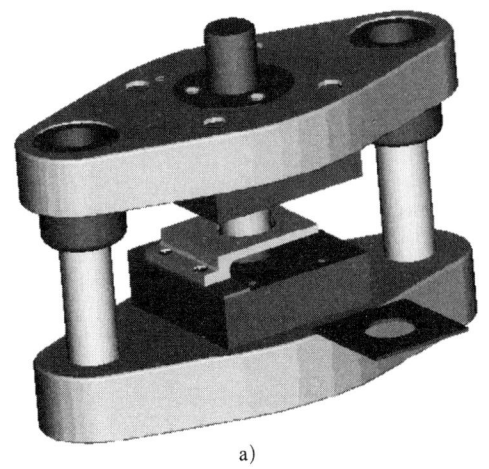 

a) b)

图 2-3-4 落料模具结构图

a）简易冲孔模具 b）凸缘模柄

说明：凹模立体图如下，凹模落料孔的外锥度尺寸（角度为3°~5°，方便漏料）、卸料板螺纹孔的尺寸由学生查询相关资料确定，取整数。学生可以将整体落料凹模设计成组合式凹模，具体结构自行完成。

技术要求：材料为Cr12，热处理HRC58~62，上下表面平行度为0.020 mm，上下表面粗糙度为 $Ra0.8$ mm，刃口深度10 mm范围内表面粗糙度为 $Ra0.8$ mm，$2×\phi10$ mm销孔表面粗糙度为 $Ra1.6$ mm，其他表面粗糙度为 $Ra6.3$ mm。

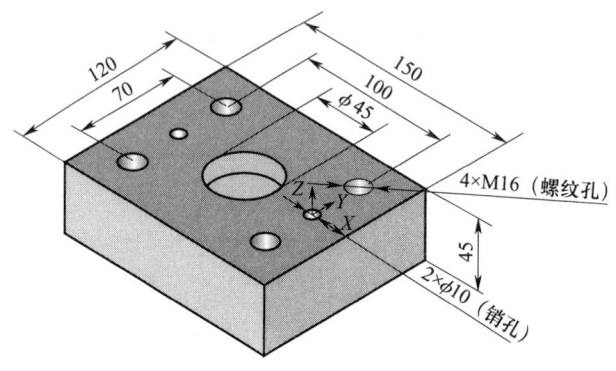

四、评价与分析

填写学习活动过程自评表（见表 2-3-2）。

表 2-3-2　　　　　　　　　　　　学习活动过程自评表

班级＿＿＿＿＿＿　学生姓名＿＿＿＿＿＿　组别＿＿＿＿＿　时间＿＿＿＿年＿＿＿月＿＿＿日

评价指标	评价要素	分值	实际得分
信息检索	1. 能有效利用教学资源或实训手册查询冲压模具维护与保养管理知识等信息，并能把查询的信息有效转换到学习活动中 2. 能通过咨询、小组讨论等方式，明确冲压模具出入库与保管要求	20	
感知工作	1. 能对照典型冲压模具说出模具保养要点 2. 熟悉冲压模具维护管理卡，模具按流程入库，交付模具管理部门审验	20	
参与状态	1. 主动参与学习活动，与同学交流关键知识点，展示关键技能点 2. 能够按要求完成典型冲压模具领取、入库等流程，进行多向、适宜的信息交流	10	
学习方法	1. 通过线上线下结合的方式，自主学习冲压模具技术状态鉴定要求，记录其关键知识与技能点 2. 能与他人有效合作探究，积极参与小组讨论交流 3. 在教师的指导下，能独立细致地完成学习任务，具有一定的创新性	15	
学习过程	1. 简述冲压模具管理要点，制作模具编号、标记，完成模具出入库及报废等流程 2. 能完成冲压模具维护管理卡等相关表格 3. 能对冲压产品质量进行检验，掌握冲压模具技术状态鉴定方法 4. 记录并反映上课的出勤情况和完成工作任务情况	25	
自评反馈	1. 按时按质完成学习任务，较好地掌握专业知识点 2. 积极参与学习过程中的每个环节，具有较强的信息分析能力和理解能力	10	
合计		100	
评定等级			
自我总结			
努力方向			

注：等级评定 A ≥ 85（好）、85>B ≥ 70（较好）、70>C ≥ 60（一般）、D<60（有待提高）

学习活动四　冲压模具维护保养的流程及项目

学习目标

1. 能根据典型冲压模具维护与保养要求，制定冲压模具日常保养和定期保养方案。
2. 能按规定对冲压模具进行保养和评价。
3. 能结合模具日常维护保养记录表提出合理的维护保养措施。

一、冲压模具维护与保养流程

冲压模具保养的好坏不仅影响模具寿命，对生产计划和制造成本也有重大影响。因此，模具的保养者必须按照模具维护与保养作业指导书进行模具养护，保证模具在制造生产时能够正常使用。

模具维护与保养作业指导书是重要的指导性技术文件，为模具维护保养提供了标准的操作步骤和流程。它帮助模具维护人员了解维修目的、范围，明确保养人的职责，规范管理维护作业程序与要求等，使模具在长期使用过程中保持良好的状态，以获得更多更好的经济效益。

下面是某企业的冲压模具维护与保养作业指导书，供大家参考学习。

相关链接

冲压模具维护与保养作业指导书

1. 目的

为了确保冲压模具在生产过程中，保持良好的产品品质、正常生产和延长模具寿命，让模具始终处于良好状态，保证承接生产任务单后即可上机正常生产，特制定此作业指导书。

2. 范围

本作业指导书适用于精密冲压件事业部所有冲压模具。

3. 定义

保养人指模具工或主管指定的模具保养人员。

4. 职责

（1）保养人负责收集资料和对模具维护保养作业，并填写好相应的表单记录。

（2）本作业指导书负责督导保养人进行模具维护保养作业，并确认签核表单，且做好文件存档。

5. 管理办法

（1）模具的不定期保养

1）保养对象

①结束生产任务单后准备上架暂时不用的模具。

②生产任务单未结束，但使用备用模上机安装而换下的模具。

③连续生产时间过长、模具情况已呈不良倾向的模具。

2）作业程序

保养人收集资料→保养维护作业→填写记录→主管审核签认→存档。

3）具体作业方法及内容

①做好准备工作并收集资料

a. 分别向机台操作员及品管人员了解模具使用状况及零件品质状况。

b. 查阅日常维护记录。

c. 模具下线前保留最后样品，按检验作业指导书中的项目全面复检一次，并与检验员结果对比，同时注意外观是否符合要求。

如果状况良好，模具只进行常规保养，保存样品，供下次生产时参考。如果品质状况不好，需要先找出原因，属于测量方法不正确的要纠正；属于模具有异常的，则要修模；怀疑前面生产的产品有质量问题的，要立即报告并追溯处理，处理完成后方能继续办理。

②模具的拆卸、清洁及外观检查

a. 模具吊运、开模和翻转必须保证平稳、安全有效。模具不得落地，模具下必须垫好木头或橡胶，防止模具底面损伤或沾上异物。

b. 外观检查，主要检查各部分运动是否灵活有无阻滞现象，有无裂纹。

c. 确定拆卸方案和顺序，做好标记，准备好相应的工具、量具，然后开始对照模具装配图进行拆卸。

d. 打开模具，清洁上、下模具外表面。

e. 清洁主导柱/套、副导柱/套、加油脂；清洁滑块机构、上油。

f. 清除模内废屑。

g. 检查各零件有无明显的缺损，模具零件（如导位针）有无短少，如有问题要及时处理。

③维修保养作业

a. 冲裁刃口研磨（研磨量可以依据刃口钝化程度进行，一般研磨量为 0.1~0.8 mm），同时要注意上、下模冲裁间隙是否均匀适量，必要时可作移位、调整。

b. 对成形模具凸模、凹模的圆角或锋利的刃口部位不能随意抛光或研磨改变关键部位的尺寸和形状（应依据产品的外观及模具图样才能进行，不可随意修磨抛光）。

c. 成形模具的凸模、凹模及侧推机构的调整应依据相关尺寸实测，并参照模具图样作业）。

d. 在对下料模具拆装时，要特别留意其垫片的形状大小，应保持垫片完整、适度，确保工作时不得有因垫片变动或破损造成堵料、产品压痕等不良现象，垫片极限厚度应符合定期保养规定。

e. 在拆装凸模、凹模时要特别留意有无方向性问题，严防装反，可与设计工程师沟通防止装反的方法。

f. 对所有凸模、凹模、挡料销以及滑块高度依据设计值及经验进行逐步检查测量，与设计值不同的要认真做好记录并验证。

g. 有更换新的备用品时须与原备用品作比较，并进行相应的尺寸检验，更换后要合模切纸试模，以防备用品加工、组装错误。

h. 检查所有紧固件的安全可靠性、所有运动件的灵活性，有疑虑时需进行相应维修作业。

i. 对弹簧进行检查，检查有无严重变形及裂纹，是否符合定期更换的次数，若有问题，要一并处理。

④模具不定期保养作业品质的认定及资料填写

（2）模具定量保养

1）保养对象：达到规定管控生产产品次数的模具。

2）主管按模具生产经历在达到（或相当接近）设定的管控冲裁次数时通知保养人，并督导执行。

3）保养人接到信息后应尽快安排执行，有时从订单状况、机台调度等方面考虑，可延续到本生产工作指令结束后再实施保养作业，但决不允许再次延长。

4）定量保养作业程序

主管确认保养次数已到→通知督导保养人→保养人作业→填报模具履历记录表→主管审核签认→存档。

5）模具在生产过程中，接近或达到模具定量保养设定的管控冲裁次数时，由操作员通知保养人员，班长应随即检查产品尺寸是否稳定，毛边、毛刺量是否正常，以便决定模具是否延续生产至本生产任务单结束，或立即拆下模具保养维修。

①刃口进行研磨保养，一般研磨量为 0.1～0.2 mm。

②检查各刃口、导柱销、主导柱/套、副导柱/套、导料板入口、模板、螺纹、弹簧状况，根据实际情况予以更新。

未达到定量保养设定的管控生产产品次数，产品尺寸及毛边量不稳定时应立即进行相应的维修作业或不定期保养。

（3）模具维修

1）生产的过程中，当所生产的产品不符合图样和检验作业指导书的要求或有其他模具异常时要及时修理。

2）模具维修前应根据异常内容详细分析，找到发生异常的原因，拟定维修方案。

3）模具维修后，按正常冲速制作的首件必须根据产品零件图及检验作业指导书的项目检查一次（重点确认异常尺寸及与之相关联的尺寸或项目）。

4）每进行一次维修应填写一次记录，详尽记载异常状况、维修内容、维修结果，能量化的要量化；对维修结果品管要签字确认，表单最终由主管确认，主管不在时经申请同意后由班长代理确认。

5）对模具进行装配、检查、合模、试模，试模合格且进行润滑和防锈处理后，做好标记并按要求存放。

6）做好模具日常维修保养记录，并按模号或同类产品汇总存档备查。

（4）注意事项

1）模具在保养、维修过程中，发现有较大的异常时应报告班组长或主管。

2）机台操作工在接到生产任务单时，必须保留完好的最后一根料条和最后3~5个制件，以供模具保养及下次生产时参考。

3）不能及时保养的模具，由班长在模具上做明显的"待保养"标示，并尽快补做。

4）模具维修作业中，有与保养作业类似的操作时（如更换副导套、弹簧等）应在表单中做记录。

5）模具实物应与图样要求一致，若有不一致时要报告处理。

根据模具维修与保养作业指导书完成维护保养后，相关人员应及时填写模具日常维护保养记录表（见表2-4-1）。

表2-4-1　　　　　　　　　　模具日常维护保养记录表

模具编号		模具名称		工序名称	
试模人员		试模设备		试模结论	
维修原因及措施	故障现象				
	产生原因				
	主要措施				
	维修人员		维修日期		年　月　日

续表

使用日期（　　月）		维护保养内容						制件数量	操作人员
始（日、时、分）	止（日、时、分）	清理	注油	末件质量		模具技术状态			
				合格	不合格	好	不好		
更改依据									
标记和数目									
编制		校对		审核			批准		
日期		日期		日期			日期		

二、冲压模具的维护与保养项目

模具使用一段时间后，由于模具零件的自然磨损、使用方法及操作的失误等原因导致模具失效，造成产品质量的下降，从而给生产带来严重的影响。为了使模具能恢复到原来的技术状态及性能，必须对模具进行有计划、有组织的维护与保养，以延长模具的使用寿命，减少因模具的故障而导致产品质量下降或产生废品。

模具的维护与保养工作，应贯穿于模具的使用、修理、保管各个环节中，冲压模具的维护与保养项目及内容见表2-4-2。

表2-4-2　　　　　　冲压模具的维护与保养项目及内容

项目	内容
模具使用前	1. 对照工艺文件检查所使用的模具是否正确，规格、型号是否与工艺文件统一 2. 操作者应了解所用模具的使用性能、方法及结构特点、工作原理 3. 检查所使用的设备是否合理，如压力机的行程、开模距离等是否与所使用的模具配套 4. 检查所用的模具是否完好，使用的材料是否合适 5. 检查模具的安装是否正确，各紧固部位是否有松动现象 6. 开机前工作台上、模具上的杂物是否清除干净，以防开机后损坏模具或出现安全隐患
模具使用过程中	1. 模具在开机后，首件必须认真检查合格后再开始生产。若不合格，应停机检查原因 2. 遵守操作规程，防止乱放、乱碰、违规操作 3. 模具工作时应随时检查，发现异常立刻停机修整 4. 定时对模具各滑动部位进行润滑，防止不规范操作

续表

项目	内容
模具拆装	1. 模具使用后，要按正常操作程序将模具从机床上卸下，绝对不能乱拆乱卸 2. 拆卸后的模具要擦拭干净，并涂油防锈 3. 模具吊运要确保安全、稳妥，应慢起、轻放 4. 对模具加工的最后几个零件进行检查，确定是否需要检修 5. 确定模具技术状态，完成后及时送入指定地点保管
模具的检修与试模	1. 根据模具技术状态鉴定，定期进行检修，以保证良好的技术状态 2. 检修要按检修工艺进行 3. 检修后要进行试模，重新鉴定技术状态
模具的存放	存放的地点要通风良好、干燥。模具标记清楚、放置平稳、完整齐全

三、引导问题与练习

1. 查阅相关资料，结合冲压模具维护与保养作业指导书内容，简要介绍冲压模具的清洁及外观检查的有关要求。

2. 查阅相关资料，简述冲压模具的维护与保养包含哪些项目。

3. 简述冲压模具使用前的维护保养内容。

4. 简述冲压模具使用过程中的维护保养内容。

能力拓展：图 2-4-1 所示的模具，因零件 9（固定板）失效，需要进行复制，请绘制其零件图作为生产技术文件。

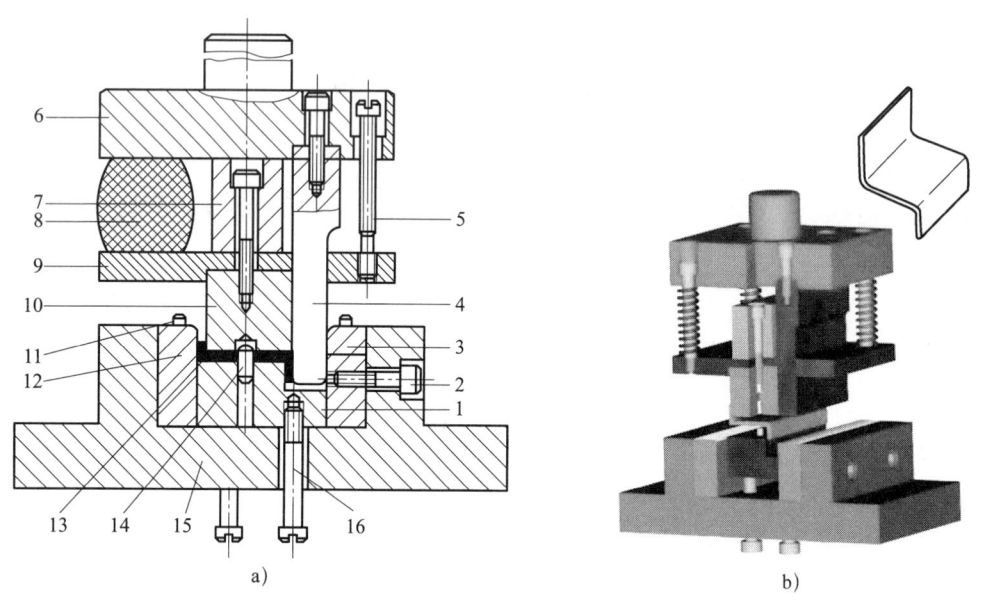

图 2-4-1　Z 形件弯曲模
a）装配图　b）制件和立体图

1—顶料板；2—紧固螺钉；3—侧凹模 A；4—组合凸模；5—卸压料限位螺钉；6—上模座；
7—凸模垫块；8—橡胶板（或弹簧）；9—固定板；10—螺钉吊装式凸模；11—送料定位销；
12—侧凹模 B；13—冲压件；14—导正销；15—下模座；16—顶料限位螺钉

说明：零件 9（固定板）立体图如下，图中没有标注的尺寸由学生查询相关资料确定，取整数。

技术要求：材料为 T8A，热处理 HRC55～60，上下表面平行度为 0.030 mm，50×6 直槽所有表面粗糙度为 Ra1.6 mm，其他表面粗糙度为 Ra12.5 mm。

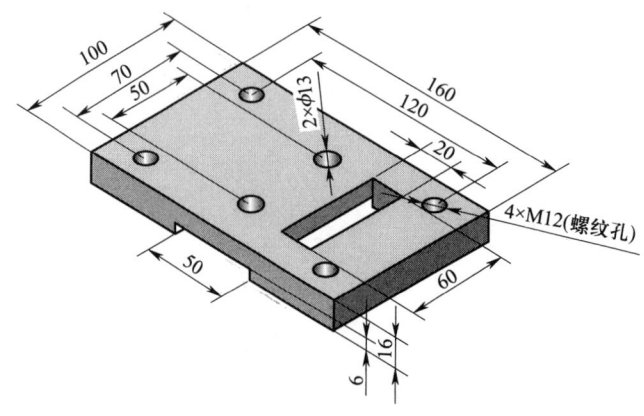

四、评价与分析

填写学习活动过程自评表(见表 2-4-3)。

表 2-4-3　　　　　　　　　　　学习活动过程自评表

班级_____ 学生姓名_____ 组别_____ 时间_____年____月____日

评价指标	评价要素	分值	实际得分
信息检索	1. 能有效利用教学资源或实训手册查询冲压模具维护保养流程等信息,并能把查询的信息有效转换到学习活动中 2. 能通过咨询、小组讨论等方式,了解冲压模具保养项目	20	
感知工作	1. 能初步拟定冲压模具保养方案 2. 能简述冲压模具的维护保养项目及工艺过程	20	
参与状态	1. 主动参与学习活动,与同学交流关键知识点,展示关键技能点 2. 在教师的指导下,按要求完成模具维护与保养流程,进行多向、适宜的信息交流	10	

续表

评价指标	评价要素	分值	实际得分
学习方法	1. 通过线上线下结合的方式，自主学习冲压模具维护保养流程及要求，记录其关键知识点与技能点 2. 能与他人有效合作探究，积极参与小组讨论交流 3. 在教师的指导下，能独立细致地完成学习任务，具有一定的创新性	15	
学习过程	1. 简述冲压模具保养要求 2. 能按作业指导书对典型模具进行维护与保养 3. 记录并反映上课的出勤情况和完成工作任务情况	25	
自评反馈	1. 按时按质地完成学习任务，较好地掌握专业知识点 2. 积极参与学习过程中的每个环节，具有较强的信息分析能力和理解能力	10	
合计		100	
评定等级			

自我总结	
努力方向	

注：等级评定 A ≥ 85（好）、85>B ≥ 70（较好）、70>C ≥ 60（一般）、D<60（有待提高）

学习活动五　成果展示与评价

学习目标

1. 能正确规范撰写学习任务总结。
2. 能采用多种形式展示学习成果。
3. 能有效进行学习反馈与经验交流，完成考核评价。

一、自我评价

学生结合自身学习任务完成情况，撰写学习情况总结，并完成学习任务综合评价表（见表 2-5-1）自我评价内容，归纳分析学习活动中获得的知识与经验，查找存在的不足，提出遇到的困难与问题。

二、小组展示与互评

根据完成任务情况，以小组为单位推荐代表进行任务展示，其他小组对展示小组进行评价，并完成学习任务综合评价表（见表2-5-1）小组评价内容。

三、教师评价

教师根据学生自评、小组展示与互评，对小组任务完成情况进行点评，帮助学生全面系统回顾任务实施过程，对创新方法、学习态度等方面出现的亮点予以鼓励，对存在的不足及问题提出改进措施，并完成学习任务综合评价表（见表2-5-1）教师评价内容。

表2-5-1　　　　　　　　　　学习任务综合评价表

班级＿＿＿＿　学生姓名＿＿＿＿　组别＿＿＿＿　时间＿＿＿年＿＿月＿＿日

项目（每项20分）	自我评价	小组评价	教师评价
活动完成情况			
团结协作精神			
工作纪律态度			
专业表达能力			
学习总体表现			
小计			
评价等级			
自我总结	学生签字：　　年　月　日		
小组评语	组长签字：　　年　月　日		
教师简评	指导教师：　　年　月　日		

注：等级评定 A≥85（好）、85>B≥70（较好）、70>C≥60（一般）、D<60（有待提高）

锻造模具的维护与保养

学习活动一　锻造及锻造设备 /88

学习活动二　锻造模具的分类、结构与模锻基本工序 /95

学习活动三　锻造模具常见失效形式与维修方法 /104

学习活动四　锻造模具的维护保养内容与管理要求 /114

学习活动五　成果展示与评价 /120

任务描述

设想自己是某公司一名新入职的锻造模具维修操作工，今后将在模具拆装与维修岗位上工作，现在需要你熟悉锻造模具的种类、作用、特点及适用场合，能够对锻造模具的失效原因进行分析，拟定锻造模具维护与保养方案。

学习活动一　锻造及锻造设备

学习目标

1. 了解锻造的特点、成形原理及分类方法。
2. 明确常用的锻造设备类别和结构特点。
3. 掌握锻造温度对锻件质量的影响。

一、锻造及其工艺特点

1. 锻造

锻造是一种利用锻压机械对金属坯料施加压力，使其产生塑性变形以获得具有一定力学性能、形状和尺寸的锻件的加工方法。金属材料通过锻造能够消除金属在冶炼过程中产生的铸态疏松等缺陷，优化微观组织结构，同时由于保存了完整的金属流线，锻件的力学性能一般优于同样材料的切削加工制件和铸件。机械、汽车、模具等产品因其负载高、工作条件严苛，除形状较简单的可用轧制的板材、型材或焊接件外，受力大、要求高的重要机械零件，多采用锻造生产方法制造，如模具成形部分、汽轮发电机轴、大型水压机立柱、高压缸、轧钢机轧辊、内燃机曲轴以及国防工业方面的火炮、载人飞船保护罩等重要零件，均采用锻造生产。部分常见模锻件如图3-1-1所示。

图 3-1-1　部分常见模锻件
a）轴类、座类　b）圆盘类　c）叉架类　d）曲轴、万向节

2. 锻造工艺特点

（1）能够改善金属的组织，提高金属的力学性能和物理性能。

（2）节约金属材料和切削加工工时。

（3）具有较高的劳动生产率。

（4）应用范围较广。

二、锻造分类

（1）根据锻造时的不同温度区域分类。根据在不同的温度区域进行的锻造，可分为冷锻、温锻和热锻。钢的开始再结晶温度为 727 ℃，但普遍采用 800 ℃作为划分线，高于 800 ℃的是热锻，300～800 ℃称为温锻或半热锻，在室温下进行锻造的称为冷锻。

（2）根据坯料的移动方式分类。根据坯料的移动方式，锻造可分为挤压模锻、开式模锻、闭式模锻、特种锻造等。特种锻造包括辊锻、楔横轧、径向锻造、液态模锻等方式，特种锻造更多用于生产某些特殊形状的零件。

（3）根据锻件的材料分类。按照锻件材料的不同，锻造可分为黑色金属模锻、有色金属模锻和粉末模锻（见图 3-1-2）。碳钢属于黑色金属，铜、铝属于有色金属。

（4）根据成形方式分类。按照成形方式不同可分为自由锻和模锻。自由锻指用简单的通用性工具，在锻造设备的上、下砧铁之间直接对坯料施加外力，使坯料产生变形而获得所需的几何形状及内部质量的锻件的加工方法。模锻指在外力作用下使坯料在模具内产生塑性变形并充满模腔（模具型腔）以获得所需形状和尺寸的锻件的锻造方法。

图 3-1-2　粉末模锻

三、锻造设备

锻造设备是指在锻造加工中用于成形和分离的机械设备。锻造设备包括锻锤（空气、蒸气、电液驱动等方式）、机械压力机、液压机、螺旋压力机和平锻机等。锻造设备正在逐步由重型和大型向高速、高效、自动、精密、专用、多品种生产方向发展。各种机械控制、数字控制和计算机控制的自动锻造设备以及与之配套的锻造操作机、机械手和工业机器人也相继研制成功，现代化的锻造设备生产的制品精度高、劳动条件好、工人劳动强度低，极大地提高了生产效率。锻造设备如图 3-1-3 所示。

摩擦压力机是一种采用摩擦力驱动方式的螺旋压力机，又称双盘摩擦压力机，可用来完成模锻、镦锻、弯曲、校正、精密挤压等工作，有的无飞边锻造也用这种压力机来完成。它利用飞轮和摩擦盘的接触摩擦力传动，并借助螺杆与螺母的相对运动原理工作，图 3-1-4 所示为 J53 系列双盘摩擦压力机。

a)　　　　　　　　　　b)　　　　　　　　　　c)

图 3-1-3 锻造设备
a) 空气锤 b) 数控液压锤 c) 蒸汽锤 d) 水压机 e) 液压机
f) 锻造操作机 g) 开卷机 h) 锻造机器人

四、锻造温度

锻造温度是指锻件在锻造过程中由始锻温度到终锻温度的温度区间。确定锻造温度的原则是保证金属在锻造温度范围内有较高的塑性和较小的变形抗力，并得到所要求的组织和性能。

始锻温度是开始锻造的温度，也是允许的最高加热温度。始锻温度不宜过高，否则可能造成过烧和过热，但始锻温度也不能太低，否则将缩短锻造操作时间，缩小锻造温度范围，增加锻造的困难。

终锻温度是停止锻造的温度。终锻温度过高，停止锻造后晶粒在高温下继续长大，使锻件晶粒粗大，降低锻件的力学性能；终锻温度过低时，锻件塑性不良，变形困难，内应力增大，甚至导致锻件产生裂纹。

图 3-1-4 J53-6300 双盘摩擦螺旋压力机外形图

五、引导问题与练习

1. 选择题

（1）摩擦压力机可用于（　　）模锻。

　　A. 有飞边　　　　　　　　　B. 无飞边

　　C. 有飞边和无飞边均可　　　D. 偏心力较大的

（2）重要的轴类、模具等一般使用（　　），以获得良好的综合力学性能。

　　A. 锻造　　　　　　　　　　B. 铸造

　　C. 冲压　　　　　　　　　　D. 焊接

（3）摩擦压力机借助于（　　）的相对运动原理而工作。

　　A. 螺杆与螺母　　　　　　　B. 活塞杆与缸

　　C. 曲柄与连杆　　　　　　　D. 带传动

2. 锻造的工艺特点是什么？

3. 常用锻造方法是如何分类的？

4. 简述 J53-6300 双盘摩擦螺旋压力机（见图 3-1-4）工作原理。

5. 如果要大批量生产中型齿轮模具，一般选择什么锻造方法？

6. 查阅相关资料，简述闭式模锻与开式模锻的特点。

7. 将图 3-1-5 所示 J53-6300 双盘摩擦螺旋压力机各部分名称填写在下表中。

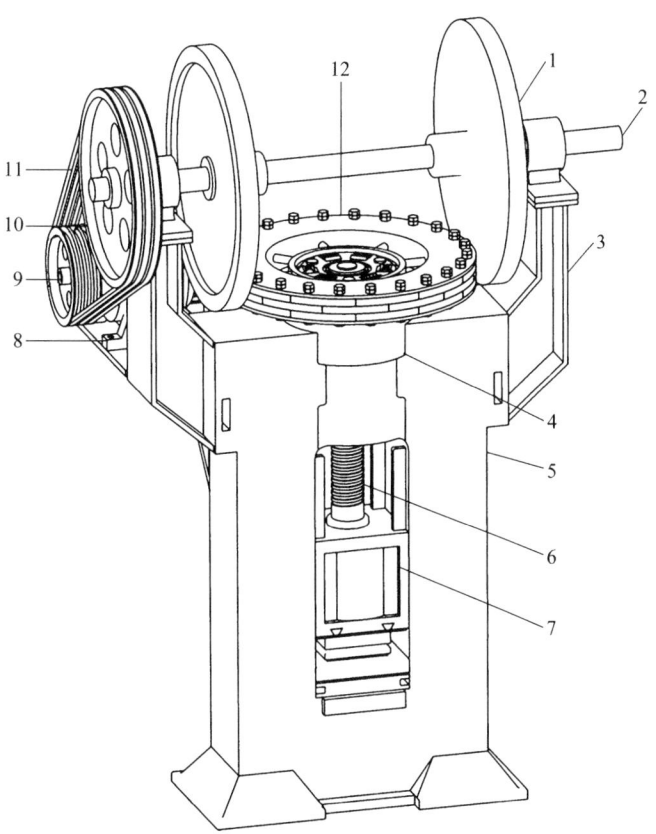

图 3-1-5 J53-6300 双盘摩擦螺旋压力机

J53-6300 双盘摩擦螺旋压力机组成结构

序号	名称	序号	名称	序号	名称
1		5		9	
2		6		10	
3		7		11	
4		8		12	

六、评价与分析

填写学习活动过程自评表（见表3-1-1）。

表3-1-1　　　　　　　　　　　学习活动过程自评表

班级_____　学生姓名_____　组别_____　时间_____年_____月_____日

评价指标	评价要素	分值	实际得分
信息检索	1. 能有效利用教学资源或实训手册查询锻造工艺特点等信息，并能把查询的信息有效转换到学习活动中 2. 能通过咨询、小组讨论等方式，结合典型锻件类型说明锻造方式方法 3. 查询锻造设备有关技术参数，熟悉压力机、锻锤的工作原理	20	
感知工作	1. 能了解锻造工艺特点 2. 能结合锻件的形状和生产方式等，说明常用的锻造方法 3. 能熟悉锻造温度对锻件的质量影响	20	
参与状态	1. 主动参与学习活动，与同学交流关键知识点，展示关键技能点 2. 在教师的指导下，结合锻件实物分组讨论锻造的分类 3. 主动查询J53-6300双盘摩擦螺旋压力机主要技术参数，进行多向、适宜的信息交流	10	
学习方法	1. 通过线上线下结合的方式，自主学习锻造特点及分类，记录关键知识点与技能点 2. 能与他人有效合作探究，积极参与小组讨论交流 3. 在教师的指导下，能独立细致地完成学习任务，具有一定的创新性	15	
学习过程	1. 简述锻造的特点，明确其分类方法 2. 对实训室的典型锻件进行分类，记录相关尺寸 3. 独立完成引导问题与练习等内容 4. 记录并反映上课的出勤情况和完成工作任务情况	25	
自评反馈	1. 按时按质完成学习任务，较好地掌握专业知识点 2. 积极参与学习过程中的每个环节，具有较强的信息分析能力和理解能力	10	
合计		100	

续表

	评定等级	
自我 总结		
努力 方向		

注：等级评定 A ≥ 85（好）、85>B ≥ 70（较好）、70>C ≥ 60（一般）、D<60（有待提高）

学习活动二　锻造模具的分类、结构与模锻基本工序

 **学习目标**

1. 了解锻造模具分类，结合典型锻造模具的装配图，正确叙述锻造模具的结构。
2. 能正确描述模锻的基本工序。

一、锻造模具的分类与结构

1. 锻造模具的分类

锻造模具的种类很多，主要有以下几种分类方法。

（1）按模具的制造方法可分为整体模和镶块模。

（2）按模腔数量可分为单模腔模和多模腔模。

（3）按锻造温度可分为冷锻模、温锻模和热锻模。

（4）按锻件的成形原理可分为开式锻模（有飞边锻模）和闭式锻模（无飞边锻模）。

（5）按模锻的基本工序性质可分为制坯模、预锻模、终锻模、弯曲模、切边模等。

（6）按锻造设备可分为胎模、锤锻模、平锻模、辊锻模等，按照锻造设备分类是较为常用的分类方法。

胎模指在自由锻设备上锻造模锻件时使用的模具。根据用途可分为摔模、扣模、

套模、垫模、合膜、漏膜等。

锤锻模指在模锻锤上使坯料成形为模锻件或半成品的模具。

平锻模指在平锻机上使坯料成形为锻件或半成品的模具。

辊锻模指实现辊锻成形的扇形模具。

2. 锻造模具的结构

锻造模具是金属在热态或冷态下进行体积成形时所用模具的统称。由于各种模锻设备的工作特点有所不同，其锻造模具结构也有所差异，锻造模具的结构有整体式和镶块式，一般由预、终锻模膛、飞边槽（闭式模锻除外）、导向或定位机构、顶出机构、垫板、冷却系统等部分组成。锤锻模如图 3-2-1 所示。

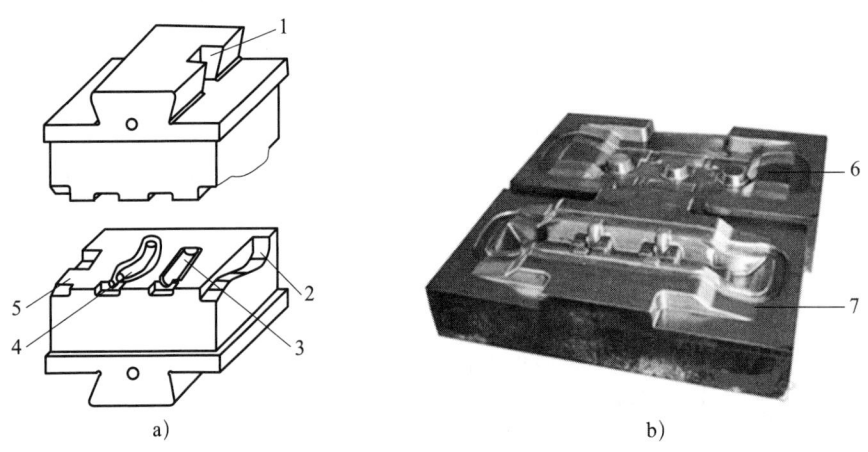

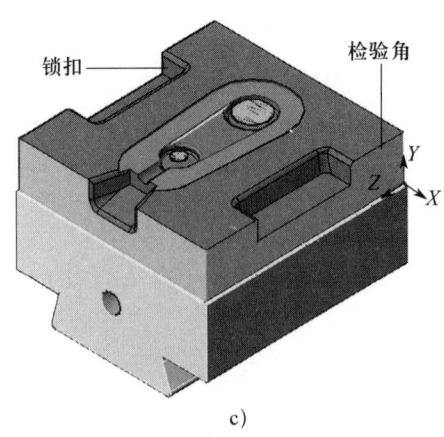

图 3-2-1 锤锻模示意图

a）多模膛整体式锻模　b）镶块式锻模实物　c）单模膛连杆整体锻模下模 3D 图

1—上模定位键槽；2—弯曲模膛；3—滚挤模膛；4—终锻模膛；5—拔长模膛；
6—上模镶块实物；7—下模镶块实物

镶块模主要在热模锻压力机、摩擦压力机、液压机等设备上使用，磨损后可以更新，有利于节约模具钢和缩短制模周期，一般适用于中小批量生产。摩擦压力机轴类镶块模结构适用于台阶轴类锻件，适合中小批量生产的轴类锻件。

模膛指在锻造模具上加工成的使锻件形成所需外形和尺寸的空腔，包括预锻模膛和终锻模膛。预锻模膛是复杂锻件制坯以后预锻变形用的模膛，其功用是使毛坯形状和尺寸更接近锻件，在终锻时能更容易充填终锻模膛，同时改善坯料锻造时的流动条件和延长终锻模膛的使用寿命。终锻模镗是使坯料最后成形得到与锻件图样一致的锻件的模膛。为了使终锻时锤击力比较集中、锻件受力均匀并防止偏心、错移等缺陷，终锻模膛一般设置在锻造模具的居中位置。

3. 检验角

检验角是在锻造模具上两个加工侧面所构成的90°角，一般设置在锻造模具的前面和右面（或左面），其深度5 mm，宽度50~100 mm。检验角是锻造模具制造的加工基准，也是安装和调整锻造模具的检验基准。

4. 摩擦螺旋压力机轴类镶块模结构

摩擦压力机靠滑块上固定的锻造模具冲击力使坯料变形，其特点是无固定行程、打击速度低、超负荷不敏感、行程次数少、一般每分钟打击3~4次，并且配备顶出机构，它非常适用中小型圆盘类、台阶轴类锻件，也可以配备冷却水循环系统，延长模具使用寿命。摩擦螺旋压力机上锻造的部分轴类顶镦锻件形状如图3-2-2所示。

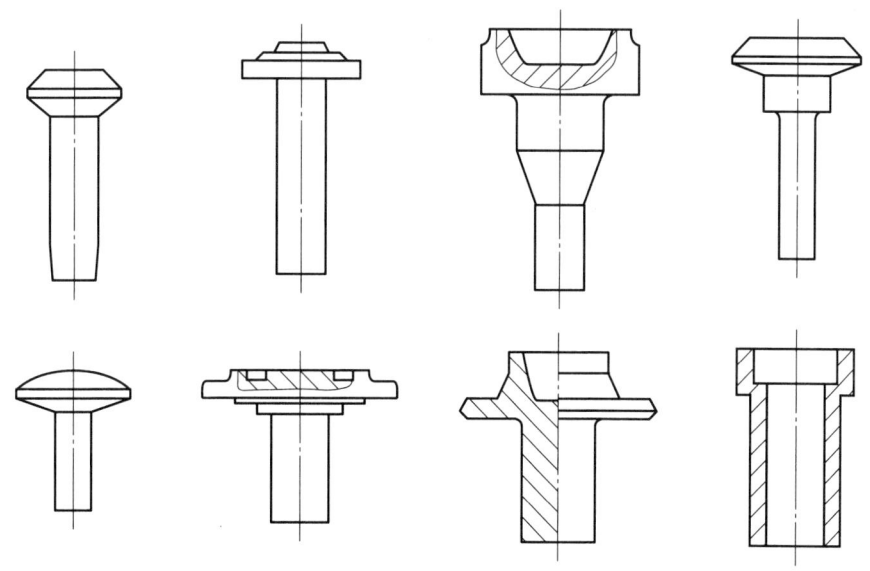

图3-2-2 摩擦螺旋压力机锻造的部分顶镦轴类锻件

对于轴类或齿轮回转体锻件可采用图 3-2-3 所示摩擦螺旋压力机镶块模结构。此结构更换模具方便，同时设备底部配备有顶出装置，可节约模具制造成本，更换同类锻件模具时不需要拆下模座，只需要更换上下模和顶杆，节约更换模具的时间。

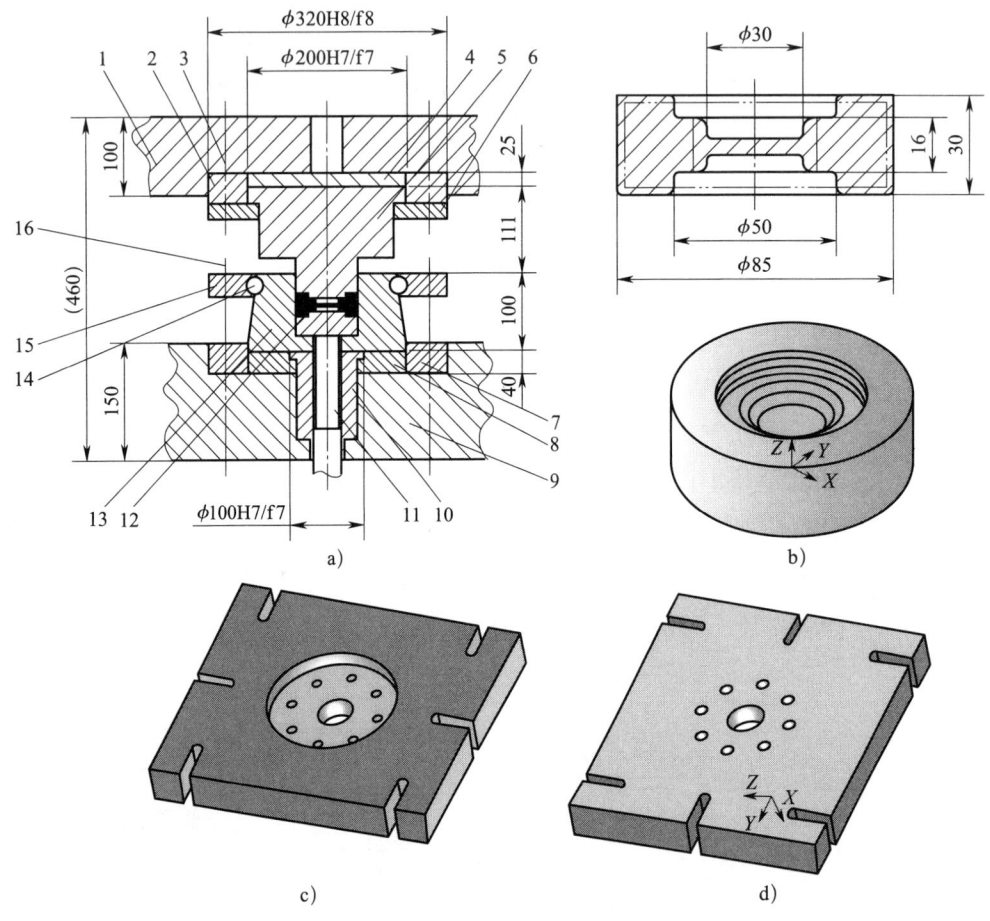

图 3-2-3　摩擦压力机镶块模结构
a）齿轮锻模　b）锻件　c）上、下模座正面　d）上、下模座背面
1—上模座；2—上模定位圈；3—上模座紧固螺钉；4—上模垫板；5—上模；6—上模压紧圈；7—下模定位圈；
8—下模垫板；9—下模座；10—下顶杆导向套；11—下顶杆；12—下模镶块；13—下模；
14—冷却水道；15—下模压紧圈；16—下模紧固螺钉

5. 锻造模具的紧固方式

锻造模具的紧固方式与锻造设备类型及锻造模具结构有关。锻锤模安装常采用楔铁和键块配合燕尾的紧固方式，这种方式既牢固，又装卸方便。对于热模锻压力机或液压机，可以用楔铁紧固模具，如图 3-2-4a 所示，也可以用 T 形螺栓和压板方式紧固模具，如图 3-2-4b、图 3-2-5 所示。

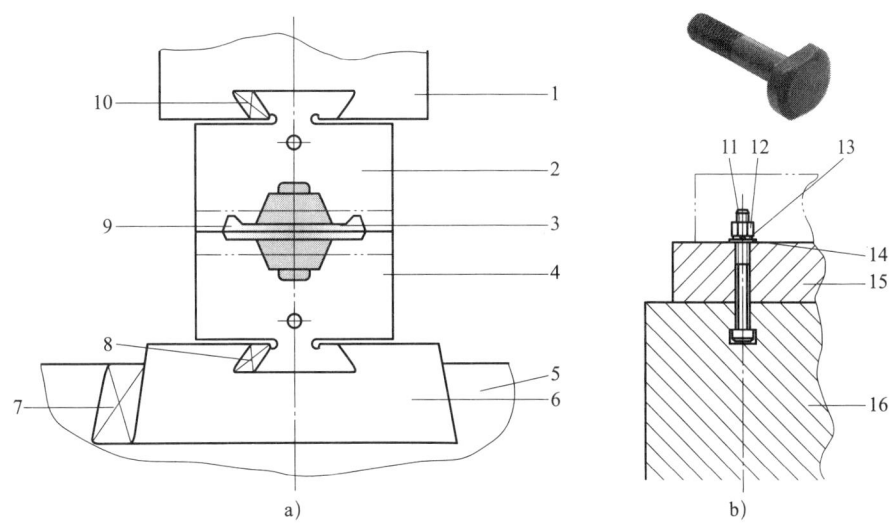

图 3-2-4 锻造模具紧固方式
a）用楔铁紧固锻模 b）用螺栓紧固锻模

1—锤头或上滑块；2—上模；3—模腔及飞边槽；4—下模；5—底座；6—模垫；7—模垫紧固楔铁；
8—下模紧固楔铁；9—锻件；10—上模紧固楔铁；11—T形螺栓；12—螺母；
13—弹簧垫圈；14—垫圈；15—模座；16—设备工作台垫板

图 3-2-5 多组T形螺栓紧固大型模具

二、模锻工艺的基本工序

模锻工艺主要包括下料、加热、清除氧化皮、制坯、模锻、切边、热处理、表面清理、校正、检验等工序。不同锻件的工序因锻压设备，锻件的材料、形状和类别不同而有所区别。

（1）轴向分模的弯曲轴线轴类锻件的一般加工工序为：下料—加热—拔长—滚压—弯曲—预锻—终锻—切边等，如图3-2-6所示。

（2）径向分模的圆盘类锻件在开式锤上模锻的一般加工工序为：下料—加热—镦粗制坯—终锻成形—切边（冲孔）等。

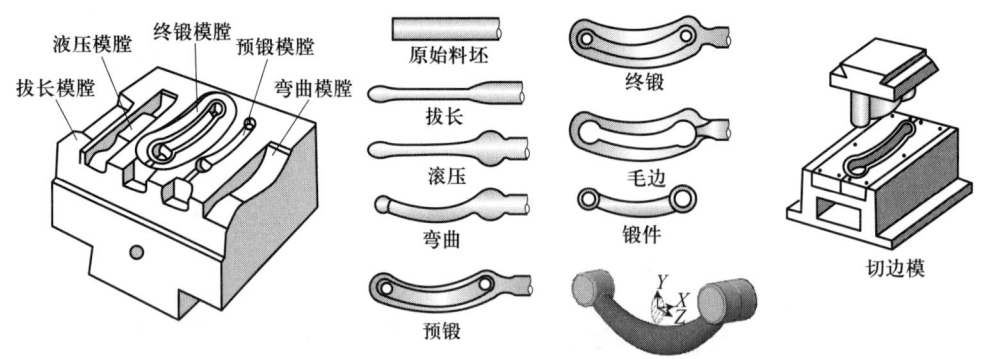

图 3-2-6　连杆锤上模锻基本工序

（3）台阶轴类锻件在平锻机上模锻的一般加工工序为：下料—局部加热—夹紧—终锻（局部镦粗）等。

（4）闭式模锻的一般加工工序为：下料—局部加热—预锻—终锻等。采用闭式模锻，就没有切边工序了。

三、引导问题与练习

1. 选择题

（1）摩擦压力机模具一般采用（　　）。

A. 整体式结构　　　　　　　　B. 镶块式结构

C. 整体式或镶块式均可

（2）为了节约原材料，减少飞边，一般采用（　　）。

A. 开式模锻　　　　　　　　　B. 闭式模锻

C. 开式和闭式模锻均可

（3）锤锻模检验角起（　　）作用。

A. 减轻模具重量　　　　　　　B. 加工基准

C. 检验基准　　　　　　　　　D. 加工和检验基准

2. 结合图 3-2-7 所示的模具，按照要求完成相关题目。

（1）分析图 3-2-7，此模具由哪些零件组成？各零件起什么作用？

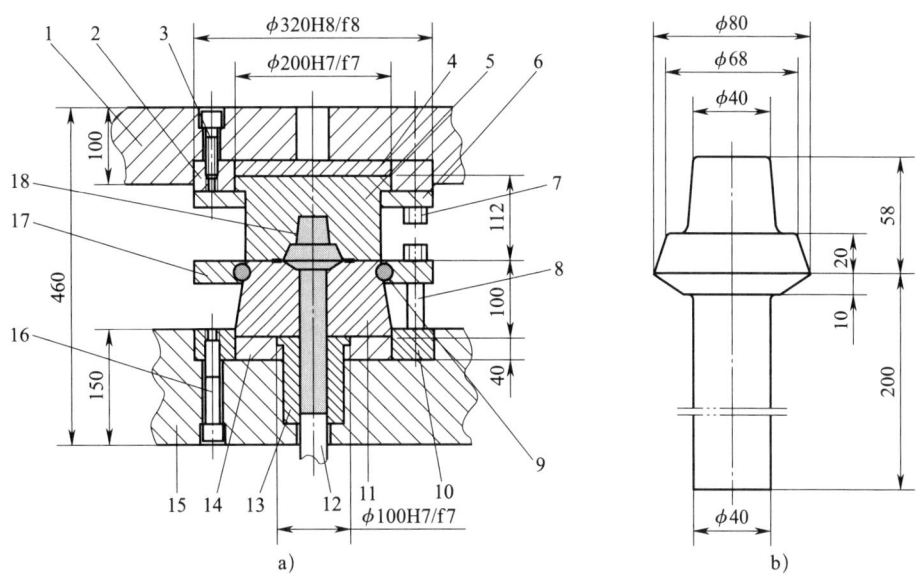

图 3-2-7 摩擦压力机轴类镶块开式锻模结构
a）轴类开式镶块模具结构　b）锻件
1—上模座；2—上模定位圈；3—上模紧固螺栓；4—上模垫板；5—上模；6—上模压紧圈；
7—上模压紧螺栓；8—下模压紧螺栓；9—冷却水道；10—下模定位圈；11—下模；12—顶杆；
13—顶杆导向套；14—下模垫板；15—下模座；16—下模紧固螺栓；17—下模压紧圈；18—锻件

（2）根据图 3-2-7，查阅资料，分析通过什么方式能将锻造模具安装在摩擦压力机滑块和工作台上？

（3）图 3-2-7 中零件 3 和零件 10 各起什么作用？它们通过什么方式固定在上模和下模中？

（4）根据图 3-2-7 模具结构，查表分析 $\phi 320H8/f8$ 配合性质，并完成下列问题。

1）计算并填写模具定位圈公差表。

模具定位圈公差表

项目	最大极限尺寸	最小极限尺寸	公差
$\phi 320H8$			
$\phi 320f8$			
最大间隙		最小间隙	
配合性质			

2）按表中数值绘制尺寸公差带图（比例 500∶1）。

3. 简述锻造模具在锻压设备上的紧固方法。

4. 锻造模具预热的作用是什么？冷却润滑的目的是什么？

5. 如果下模出现脱模困难，需要拆卸下模，其顺序是什么？

6. 简述弯曲类轴类锻件的基本工序。

能力拓展：根据图 3-2-7，绘制上模和下模的零件图，尺寸根据图样按比例测量和计算，取整数。

四、评价与分析

填写学习活动过程自评表（见表 3-2-1）。

表 3-2-1　　　　　　　　　　　学习活动过程自评表

班级＿＿＿＿＿＿　学生姓名＿＿＿＿＿＿＿　组别＿＿＿＿＿＿　时间＿＿＿＿＿＿年＿＿＿月＿＿＿日

评价指标	评价要素	分值	实际得分
信息检索	1. 能有效利用教学资源或实训手册查询锻造模具的分类等信息，并能把查询的信息有效转换到学习活动中 2. 能通过咨询、小组讨论等方式，分析摩擦螺旋压力机锻造的特点 3. 查询典型锻件的基本锻造工序异同点	20	
感知工作	1. 能认识锻造模具，了解锻造模具的结构类别 2. 能分析轴类、圆盘类等锻件，了解其基本锻造工序 3. 能描述摩擦螺旋压力机典型轴类锻模的组成	20	

续表

评价指标	评价要素	分值	实际得分
参与状态	1. 主动参与学习活动，与同学交流关键知识点，展示关键技能点 2. 在教师或企业专家的指导下，参观锻造生产过程，了解锻造生产特点 3. 能够按要求说明典型镶块模优缺点，进行多向、适宜的信息交流	10	
学习方法	1. 通过线上线下结合的方式，自主学习锻造模具分类及结构，记录其关键知识点与技能点 2. 能与他人有效合作探究，积极参与小组讨论交流 3. 在教师的指导下，能独立细致地完成学习任务，具有一定的创新性	15	
学习过程	1. 根据图样或实物等简述锻造模具的种类，明确其结构关系 2. 陈述典型锻件的基本加工工序 3. 掌握锻造模具检验角作用，陈述典型锻造模具的安装方式 4. 记录并反映上课的出勤情况和完成工作任务情况	25	
自评反馈	1. 按时按质完成学习任务，较好地掌握专业知识点 2. 积极参与学习过程中的每个环节，具有较强的信息分析能力和理解能力	10	
合计		100	
评定等级			
自我总结			
努力方向			

注：等级评定 A ≥ 85（好）、85>B ≥ 70（较好）、70>C ≥ 60（一般）、D<60（有待提高）

学习活动三　锻造模具常见失效形式与维修方法

学习目标

1. 能通过查看模锻件产生的缺陷特点，提取锻造模具失效的信息，分析缺陷产生的原因。
2. 能结合锻造模具常见失效形式，制订模具的维护保养计划，确定维修方法。
3. 结合生产实际，制定锻造模具的翻新方案。

一、锻造模具常见失效形式

1. 裂纹

（1）产生原因。一般情况下，因设备吨位选择、模具设计与加工、热疲劳强度、模具材料、模具预热、模具冷却与润滑等因素影响，锻造模具会出现局部裂纹，甚至出现开裂，如图 3-3-1 所示。

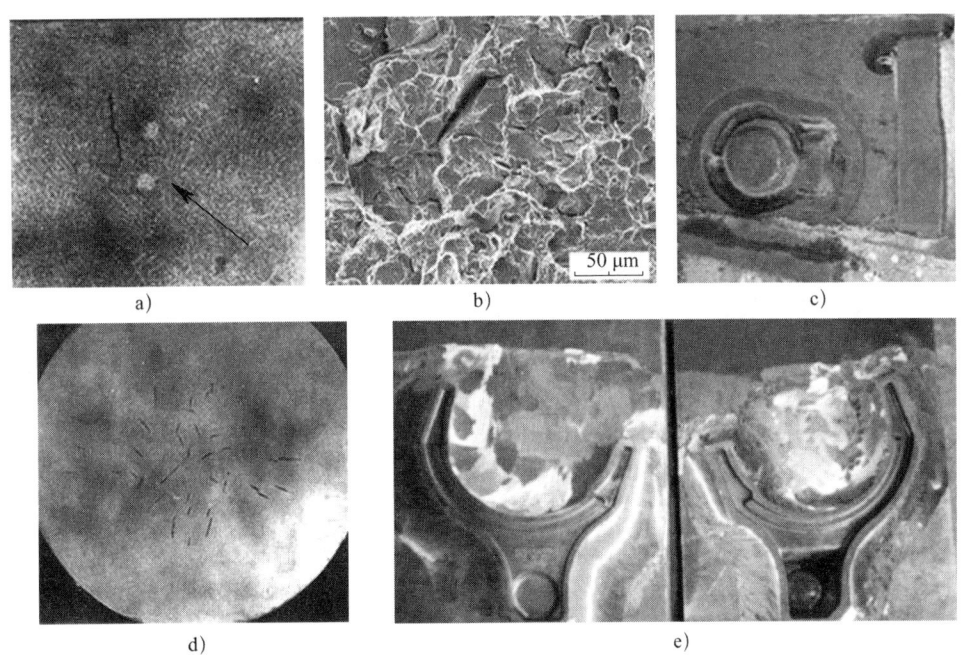

图 3-3-1 锻造模具裂纹表现形式
a）局部裂纹 b）开裂 c）局部塌陷并补焊 d）模具钢内部裂纹 e）模具型腔表面裂纹

如图 3-3-2 所示的 A 处、图 3-3-3 所示的 F 处，因应力相对集中，容易出现裂纹甚至开裂现象。锻造模具产生裂纹的主要原因包括以下几个方面。

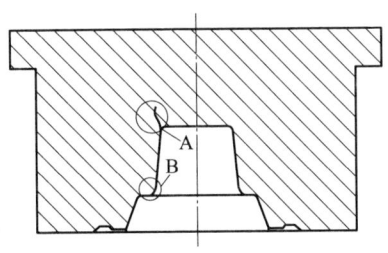

图 3-3-2 上模内部出现裂纹和塌陷

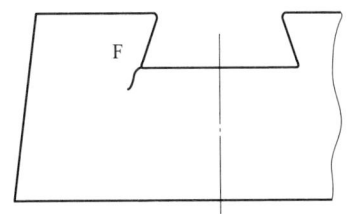

图 3-3-3 模具燕尾处裂纹

1）锻造模具在反复受热和冷却的工作条件下，材料内部受到交变应力的影响逐步产生网纹状的细小裂纹，形成热龟裂，即热疲劳裂纹。

2）在热应力与机械应力反复作用下，在锻造模具的尖角、圆角半径过小以及沟槽等处都容易引起应力集中，极可能会由微裂纹扩展而导致锻造模具裂纹、开裂。

3）模具热处理硬度过高。模具硬度过高，模具的脆性大，韧性变差，容易产生裂纹。

4）生产前的没有对模具进行正确的预热处理，因温度应力而产生裂纹。

（2）预防措施

1）提高模具材料的冶金质量和锻造质量，模具材料中的脆性夹杂物边缘极易产生微裂纹、降低材料的抗疲劳性能，尤其是夹杂物对锻造模具的疲劳寿命损伤极大。

2）锻造模具型槽设计时应尽量减小和避免应力集中。

3）确定合理的热处理硬度，可对锻造模具的工作表面进行强化处理，提高其耐疲劳强度和寿命。

4）锻造模具的工作表面应防止碰伤拉伤，因为每一个伤痕都可能成为裂纹源。

5）对模具进行预热处理。

6）增加预应力圈预防镶块模产生裂纹。

2. 磨损

（1）产生原因。模锻中，毛坯在型槽内受挤压流动，同时与成形槽壁面发生剧烈的摩擦，造成磨损，从而引起型槽尺寸变化与表面质量劣化，尤其是飞边槽过桥处磨损最为严重，如图3-3-4中D处所示。另外，由于锻造模具淬火后回火温度过高、硬度不足，或因毛坯氧化皮未除尽、模具型槽表面粗糙、润滑不良等因素，也会造成锻造模具加速磨损。图3-3-5中E处所示属于闭式模锻上模与下模导向配合面磨损。

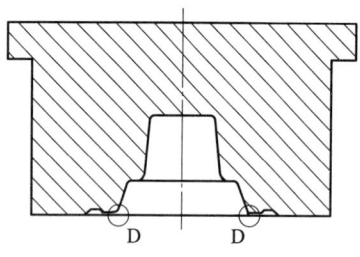

图3-3-4 开式模锻飞边槽磨损

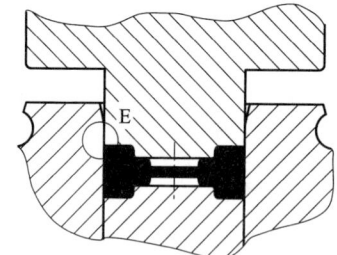

图3-3-5 闭式模锻上下模导向部分磨损

（2）预防措施

1）控制热处理工艺规程，提高和保持锻造模具淬火硬度。

2）合理冷却和润滑，建立可靠的润滑保护膜，隔离互相摩擦的金属表面。

3）选择耐磨性能更好的材料，进行适当的表面处理，如表面淬火、渗氮处理及喷涂处理，提高金属抗磨损的能力。

4）经常维护，保持锻造模具工作表面清洁。

3. 变形

（1）产生原因。模锻时由于外加载荷过大或局部温升过高，使锻造模具产生塑性变形而造成局部压塌（见图3-3-6），或因锻造模具工作零件材料的热硬性不足、回火温度过高而造成硬度降低，引起锻造模具局部发生塑性变形。

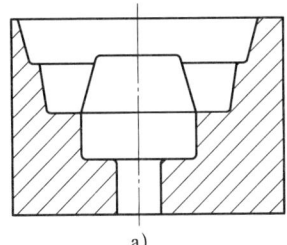 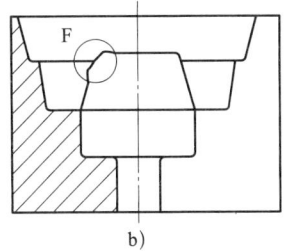

图3-3-6 热套镶块模具结构
a）正常 b）塌陷

（2）预防措施

1）合理选材，要求锻造模具材料韧性好、耐热性高。

2）严格控制热处理工艺流程，满足工艺技术要求。

3）限制最大外加载荷，合理选择预锻尺寸和锻造温度，适当减少打击次数。

4）减少热锻件在模膛中的停留时间，及时冷却与润滑。

4. 焊合

（1）产生原因。模锻过程中，由于型槽表面的损坏而出现非氧化非润滑表面，这种表面极易与毛坯在相对滑动时发生局部焊合（俗称"粘模"）现象，使一个表面的材料转移到另一个表面引起磨损。

（2）预防措施

1）模具材料的选择应考虑与毛坯材料互溶性差异大的材料。因为同种材料的互溶性好，粘模的倾向大。

2）提高模具表面硬度。当材料硬度提高时，粘模的倾向相应减小。

3）严格控制外加载荷。当载荷增大时，局部接触点温度升高，氧化膜遭到破坏，就易发生严重的焊合现象。

5. 断裂

（1）产生原因

1）过载断裂。当锻造模具工作零件外加载荷超过其危险截面所能承受的极限应力时，就会发生过载断裂。

2）疲劳断裂。锻造模具经过一定次数的循环载荷或交变应力作用后容易引发疲劳断裂，其形成分为疲劳裂纹的萌生、扩展、断裂3个阶段。

3）脆性断裂。因锻造模具材料存有夹杂物，或工艺处理不当都有可能使其材质变脆，从而引发脆性断裂。

（2）预防措施

1）设计方面。选材应综合考虑锻造模具的工作条件、载荷性质、技术要求等因素，结构设计应尽量避免应力集中。

2）工艺方面。表面强化处理可大大延长模具的疲劳寿命，表面适当的涂层可防止有害介质侵入而造成的脆性断裂。

3）安装使用方面。正确安装，防止产生附加应力和振动；保护设备运行环境，防止模具各部分温差过大；严格遵循设备操作规程，防止设备过载。

6. 锻件毛刺过长

在开式模锻中飞边是允许存在的，在锻件成形过程中可以起到一定的作用，开式模锻时常因凸凹模间隙过大而出现切边过长的毛刺，如图 3-3-7 中 G 处所示，可以通过切边来消除；而闭式模锻中的毛刺则是我们不希望得到的，一般应控制在高度 2 mm 以下、厚度 1 mm 以下，如图 3-3-8 中 C 处所示。

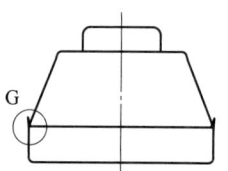
图 3-3-7　开式模锻产品切边毛刺

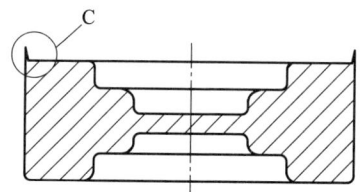
图 3-3-8　闭式模锻产品毛刺

（1）产生原因

1）设计方面。上下模具间隙过大，模具及工装定位、导向间隙过大。上下模配合间隙非常关键，毛刺就是填充到此间隙内的金属，间隙的大小取决于设备和工装设计的精度，在允许的情况下间隙越小越好。工装定位间隙是指上下模中心之间的偏差，是一系列的配合间隙累加而成，包括导柱和导套间隙、定位压板和模套间隙、模套和模具间隙等。无论是设计还是加工制造过程，对这些间隙都应严格加以控制，以避免模具型腔磨损加大，导致上下模具间隙增加。

2）工艺方面。毛坯的始锻温度过高，高温下的金属塑性变大，流动性增强，从而导致部分金属被挤入模具间隙中而产生毛刺；下料坯料体积过大，需要较大的打击力或增加打击次数，此时也会产生毛刺，而且锻件的厚度会增加，导致材料浪费。

3）设备吨位选择过大。设备设定的打击力过大，高温下的金属被强制挤入模具间隙中而产生毛刺，并且产生的毛刺一般分布在模具的分型面周围。

（2）预防措施。可以通过调整模具配合间隙、工艺尺寸、坯料体积、打击力等消除闭式模锻中的过长毛刺。

二、锻造模具的技术状态鉴定

为了保证模具在使用过程中正常工作，保持良好的工作性能，要做好模具的维护与保养，定期对模具进行技术状态鉴定，发现问题第一时间维修。不要小毛病不重视、大毛病才维护，防止"以小积大"。

锻造模具的技术状态鉴定一般分为两种：一种是对于新模具和修理后的模具，通过试模（一般用铅制作首件或其他方式）来鉴定模具尺寸、成形状态、脱模状况等；另一种是指对于使用中的锻造模具，主要是通过对锻件质量状况、金属充填状态、锻造模具工作状态与外观检查来进行鉴定。

通过对工作性能、制件质量技术状态鉴定结果的分析，可以基本上确定锻造模具的技术状态。在锻造模具技术状态鉴定时，应对每副锻造模具都建立技术状态鉴定档案，记录技术状态情况以备查用，以便于今后对该锻造模具能做到正确、合理地使用。

三、锻造模具修复

通常锻造模具在使用一段时间后会发生变形、粘皮、结疤、塌陷、疲劳裂纹、脱模困难等各种失效现象，需要根据不同失效现象采取不同的修复方法。

1. 日常修复

（1）局部少量损伤。锻造模具使用中若发现局部有少量损伤时，应及时进行修复，防止因"小伤变大病"而造成严重损坏，甚至早期报废。例如，型槽表面出现毛刺、微裂纹、轻微磨损、圆角处隆起、局部塌陷等情况，可使用风动砂轮、凿子、扁锉等工具及时修理；模具表面有局部划伤、拉毛、蚀斑磨损等缺陷，可采用电镀技术进行修复及强化处理。修复后模具表面的耐磨性、硬度、表面粗糙度值等应能达到规定的性能指标。

（2）锻造模具局部断裂。锻造模具局部断裂可采用焊补的方法进行修复，如图 3-3-9 和图 3-3-10 所示。例如，对于长度较长的锻造模具（如连杆锻模），由于预热不够、砧座不平或燕尾两肩与锤头、砧座之间间隙不合理等，造成锻造模具中间部分断裂，可在模具两侧面加装紧固夹板，并焊合成一体，提高其强度。有的锻造模具在小圆角处出现裂纹，可采用侧面加设紧固板并施以焊补进行修复，如图 3-3-11 所示。

图 3-3-9　锻造模具局部修复（下模）

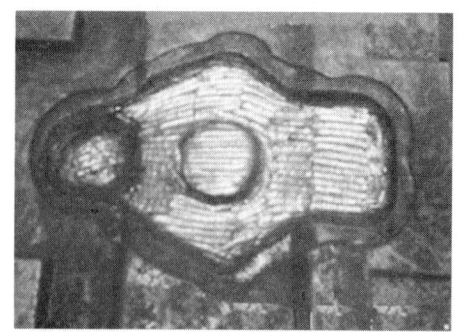
图 3-3-10　锻造模具局部修复（上模）

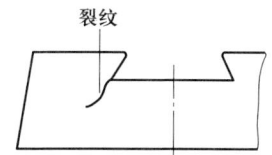
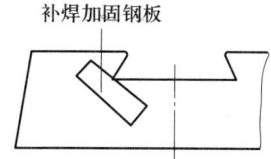

图 3-3-11　局部裂纹加固补焊修复

（3）锻造模具型槽局部产生较严重缺陷。锻造模具型槽局部产生较严重缺陷（如塌陷、变形等）可采用堆焊进行修复。堆焊前应将需堆焊部位清洁干净，以保证堆焊质量。若缺陷处有裂纹，应将该处清洁后加工成 V 形坡口（深度视裂纹而定），堆焊后再用手动砂轮机打磨复原。若堆焊部位是尖角应先加工成圆角，垂直面应加工成斜面，以提高堆焊质量，堆焊后修磨复原，采用适当的表面热处理。

（4）锻件脱模困难。锻件脱模困难主要是由于设计时拔模斜度过小、热变形后出现倒锥角、模具表面粗糙度过大、脱模剂使用不当、锻造温度过低等因素造成，可以通过加工手段增加拔模斜度、及时修复模具锥角、增加抛光工序以减小模具表面粗糙度、调整脱模剂浓度、控制锻造温度来解决。

2. 锻造模具翻新

锻造模具使用一段时间后，型槽边缘凸起部分出现明显的塌陷，出现较多较深的热疲劳裂纹，或因严重磨损而引起型槽尺寸变化、超出公差范围，造成模锻件表面质量和形状尺寸不合格时，应停止使用，并要针对不同情况采用不同的方法进行翻新处理。锻造模具翻新主要包括以下两种方法。

（1）切除模具表层重新加工。对于一些形状较简单、型腔较浅的锻造模具，可将锻造模具的上、下模拆下，先进行退火处理（或采用不退火处理而强力切削），然后从分模面切削去除表层金属，并按加工新模具的要求进行机械加工（或电加工），将型槽加深至尺寸要求，再进行热处理，经检验合格后方可继续使用。特别注意锻造模具翻新后，上下模的总高度尺寸不得小于锤锻所允许的最小闭合高度（$H_{\min}$），型槽最深处至燕尾肩部平面的最小壁厚不得小于锻锤所允许的最小壁厚（B_{min}）。

一般在设计镶块模高度时，都会留有 3~4 次的翻新余量。新锻造模具的封闭高度 H 必须满足下列要求，即 $H_{min} \times (1+0.35 \sim 0.40) < H < H_{max}$。图 3-3-12a 所示的摩擦压力机轴类开式模锻的下模块，A 处最容易变形，因此，将模具表层用强力切削方法切除变形部分，并同步将顶杆的长度车短至相应的高度，保证锻件的尺寸符合要求。在实际工作中，镶块模为组合式，可备用不同尺寸的顶杆直接更换，以延长模具寿命。图 3-3-12b 所示的上模板 D 处容易变形，可以用同样方法修复，并且同步更换调整后的上模垫板厚度。

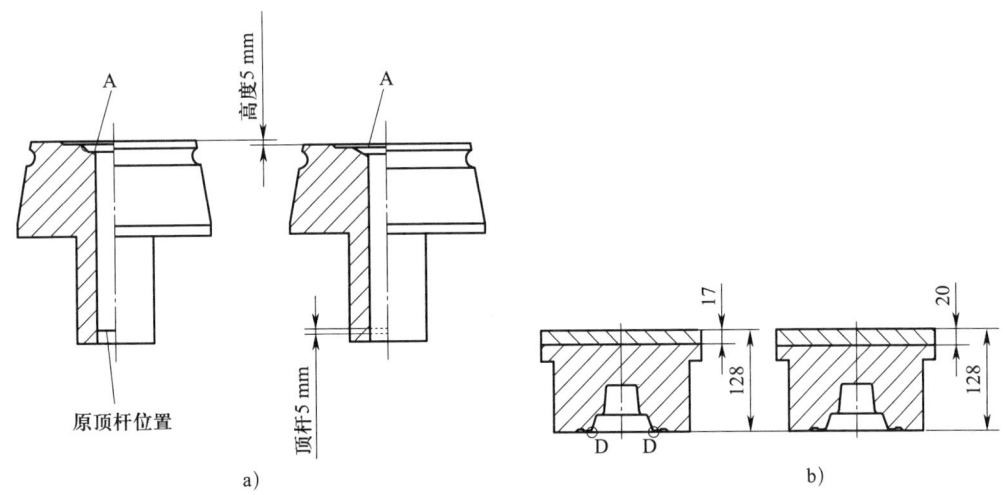

图 3-3-12 强力车削镶块模表层材料修复
a）下模切除表层（下降顶杆 5 mm） b）上模切除表层（垫板加厚 3 mm）

（2）堆焊后加工翻新。堆焊修复技术操作简单，只需清理型腔，处理掉锻造模具缺陷处，然后将堆焊材料按要求充填好相关部位后，再重新加工型腔即可。这种修复方式不需要耗费模具钢，从而节约了成本，并且缩短了产品开发时间。翻新后的锻造模具再次损坏后可以继续堆焊修复重新投入使用，一块模具可以反复几十次修复。采用堆焊修复后的锻造模具，型腔表面硬度比原模具还要高，达到"表硬里韧"的效果，型腔不易压塌，一些情况下修复后的锻造模具寿命甚至高于没有堆焊修复过锻造模具初始使用时的寿命。

3. 锻造模具表面强化处理

锻造模具通过对表面强化处理，改变表层化学成分和组织，以提高锻造模具的寿命，常用化学热处理和表面覆层技术等方法对模具表面进行强化处理。例如，一些企业的柴油机摇臂锻模采用低温氮碳共渗、淬火及回火化学热处理工艺后，模具的使用寿命由原来的模锻 1 000 件提高到 1 600 件以上，模具寿命提高 60% 以上。

四、引导问题与练习

1. 判断题

（　　）（1）锻造模具的主要失效形式是裂纹。

（　　）（2）在锻造中，经常使用润滑剂来润滑和冷却模具，对提高模具寿命有重要意义。

（　　）（3）新锻造模具的闭合高度必须大于最小封闭高度，保留多次返修加工余量。

（　　）（4）造成锻造模具脱模困难的主要原因是拔模斜度过大、塌陷变形、冷却不当等。

（　　）（5）模具表面强化只能用淬火，不能用化学热处理。

2. 锻造模具常见的失效形式有哪些？产生的主要原因是什么？

3. 锻造模具产生断裂的原因有哪些？

4. 可以通过什么方法鉴定锻造模具的技术状态？

5. 锻造模具修复包括哪几种类型？如果出现局部开裂，应该如何修复？

6. 锻件切边或冲孔后产生毛刺超差的原因是什么？应该如何解决？

7. 闭式模锻毛刺过长的原因是什么？应该如何进行预防？

8. 锻造模具表面强化处理目的是什么？应该如何进行？

9. 简要说明锻件脱模困难的原因。

10. 请简述应该如何对锻造模具进行翻新修复。

能力拓展： 整体式锻模与镶块式锻模翻新方法有什么不同？

五、评价与分析

填写学习活动过程自评表（见表 3-3-1）。

表 3-3-1　　　　　　　　　　学习活动过程自评表

班级＿＿＿＿　学生姓名＿＿＿＿　组别＿＿＿＿　时间＿＿＿＿年＿＿＿月＿＿＿日

评价指标	评价要素	分值	实际得分
信息检索	1. 能有效利用教学资源或实训手册查询锻造模具失效等信息，并能把查询的信息有效转换到学习活动中 2. 能通过咨询、小组讨论等方式，结合典型锻造模具失效特点，查找其预防措施 3. 查询锻造模具翻新的方法和意义	20	

续表

评价指标	评价要素	分值	实际得分
感知工作	1. 能认识锻造模具失效表现形式，初步了解其产生原因 2. 能根据锻造模具失效特点，说明其修复办法	20	
参与状态	1. 主动参与学习活动，与同学交流关键知识点，展示关键技能点 2. 在教师的指导下，分组讨论开式模锻与闭式模锻模具磨损原因 3. 能够按要求完成锻造模具维护与保养方法，进行多向、适宜的信息交流	10	
学习方法	1. 通过线上线下结合的方式，自主学习锻造模具失效形式及预防措施，记录其关键知识点与技能点 2. 与他人有效合作探究，积极参与小组讨论交流 3. 在教师的指导下，能独立细致完成学习任务，具有一定的创新性	15	
学习过程	1. 根据锻造模具的失效特点，判断其原因，采取有关措施 2. 对锻造模具断裂失效进行原因分析，提出合理化的建议 3. 能对锻造模具进行技术状态鉴定，掌握锻造模具翻新的方法和措施 4. 记录并反映上课的出勤情况和每天完成工作任务情况	25	
自评反馈	1. 按时按质完成学习任务，较好地掌握专业知识点 2. 积极参与学习过程中的每个环节，具有较强的信息分析能力和理解能力	10	
合计		100	
评定等级			
自我总结			
努力方向			

注：等级评定 A ≥ 85（好）、85>B ≥ 70（较好）、70>C ≥ 60（一般）、D<60（有待提高）

学习活动四　锻造模具的维护保养内容与管理要求

学习目标

1. 能对锻造模具进行检验、预热等维护保养，制定日常保养和定期保养方案。
2. 结合锻造模具管理要求正确记录模具保养过程。

一、锻造模具的维护保养内容

锻造模具由于生产条件较差,冲击力大,并且模具工作时温度高,容易产生热疲劳损坏和冲击载荷损坏,因此,要从多方面对锻造模具进行维护与保养。

1. 使用前的检验

(1) 对新使用的模具按图样进行检验,包括尺寸精度、表面粗糙度、硬度等。

(2) 注意对过渡圆角半径的检查,不允许有倒锥角。

(3) 对于带有锁扣的模具要检查配合状态及间隙是否均匀,是否符合要求。

(4) 检查模架的导柱、导套之间的间隙,模架上、下工作面的平面度,定位部位状态,主垫板的上、下平面度,定位、紧固部位等。

2. 装模

锤锻模依靠燕尾和楔铁紧固在锤头和砧面上,因此,安装时必须保证上下模燕尾和砧座上的燕尾槽接触平整,并与打击力垂直。燕尾两肩与锤头、砧座间要留有间隙,以防止燕尾根部圆角开裂,还必须保证锤头导向和模锻导向一致,否则会造成锻造模具锁扣的过度磨损,甚至压塌或打坏。在紧固楔铁时,应同时用锤头带动上模轻击下模,产生轻振动,才能使锻造模具紧固。

压力机锻模装模时要检查模座的平行度,导柱和导套的垂直度,顶出装置动作状态、开合状态及间隙均匀情况。在条件允许情况下,可用加工的标准锻件放入模膛内调整装模,提高装模效率和质量。调试时一定要检查检验角是否符合要求。

3. 预热

锻造模具预热之后,冲击韧性将明显提高,有利于坯料保温和促进金属的流动,并可减少锤击次数,缩短高温坯料与锻造模具接触的时间,延长锻造模具寿命。锻造过程中,与高温钢材接触的模具表面会发生膨胀,而模具内部温度低不膨胀,表面就会被拉开形成龟裂,因此,锻造模具在工作前必须重新预热到要求的温度。

(1) 预热温度。锻造模具预热温度在 150~350 ℃,可用红外线测温仪探测,也可在模具的下工作面进行检测(一般用少量水沾击出现"吱"声)。

(2) 预热方式

1) 高温红铁块烤模是最原始、最简单的一种方法,但是容易造成模型型腔的高温回火而软化,降低硬度,影响模具寿命。但现在还有许多企业采用此方式进行模具加热,将红铁块架起,不直接与模具型腔接触,从而改善烘烤效果。

2) 用天然气、液化石油气、柴油等专用火焰喷嘴烤模器进行烤模,不直接对模具型腔进行烘烤,而是对模具两侧面进行加热烘烤,这样就不会造成模具型腔的回火软化。

3) 用电阻丝加热陶瓷片,通过热传导加热模具。

4) 用感应圈(便携式)加热,将热量匀均传递给模具,达到模具预热的目的。

预热温度和加热的方法对模具的寿命和产品质量有直接的关系，冬季预热温度要高于夏季预热温度。

4. 冷却

在锻造过程中，高温坯料不断把热传给锻造模具，特别是下模，因此应不断对模腔进行合理的冷却。冷却模具常用的方法有压缩空气直喷、喷雾冷却、用有一定温度盐水冷却、循环水冷却、水基等。用喷雾冷却时，在喷雾中加入润滑液的效果更好；盐水冷却比较强烈，在大批量生产时能有效地冷却模具；循环水冷却效果比较好，但模具制造工艺复杂。

5. 润滑

良好的润滑可以减少模具与坯料之间的摩擦，有利于坯料的流动，减少模壁的摩擦力，以利于坯料流动变形和脱模，还可以冷却模具保持模具的硬度，减少模具的磨损。

6. 除去氧化皮

锻件模锻时氧化皮会对锻件表面质量和模具寿命产生较大的影响，氧化皮会加剧模具的磨损。氧化皮落入型腔槽深部会使锻件高度尺寸不足；氧化皮压入锻件表面，经吹砂或酸洗后，氧化皮脱落，锻件表面会留下凹坑或麻点。在锻造过程中要及时除去氧化皮，可采用少（无）氧化加热，或采用终锻前制坯等方法去除氧化皮。

7. 试锻

新制造或翻新的锻造模具必须进行试锻，试锻2～5件，做好首件检查，检验合格方可进行生产。

二、锻造模具的管理要求

（1）使用人员及检验人员应随时观察锻造模具是否有异常情况，若发现裂纹、变形或打塌等情况应及时修模。修理后应由检查员进行检查，并在完工检查上注明模具质量情况，修理后的模具必须达到图样的要求（特殊情况可协商解决）。

（2）当锻造模具需要修理时由锻造模具使用单位负责办理修理的手续。

（3）锻造模具使用达到规定件数时，由使用单位将锻打的实际数量填写在锻模使用记录表上。

（4）锻造模具暂时停用后，模具保管单位应在模腔内涂上防锈油。

（5）模具重新复制时，由生产和技术部门书面通知市场供销部或模具加工部门落实模具复制任务，技术质量部门负责办理复制模具相关技术文件及要求。

（6）锻造模具的报废应由使用单位根据实际情况，按程序办理报废手续。

三、引导问题与练习

1. 选择题

（1）新制造或翻新的锻造模具必须进行（　　），试锻 2~5 件，做好（　　），方可进行生产。

  A. 试锻   B. 首件检查

  C. 检验合格   D. 末件检查

（2）锻造模具装模时要检查上下模座的（　　）。

  A. 平行度   B. 对称度

  C. 垂直度   D. 直线度

（3）锻件模锻时氧化皮对锻件（　　）和（　　）产生较大的影响。

  A. 表面质量   B. 模具寿命

  C. 外形尺寸   D. 内部性能

（4）锻造模具的预热温度要保证在（　　）为好。

  A. <150 ℃   B. 150~350 ℃

  C. 350~450 ℃   D. >450 ℃

2. 判断题

（　　）（1）翻新的锻造模具因为是修复过程，不需要试锻来检查模具技术状态。

（　　）（2）锻前模具必须预热到 150~550 ℃。

（　　）（3）锻造模具装模时要检查模座的平行度。

（　　）（4）氧化皮对锻件表面质量和模具寿命会产生较大的影响。

（　　）（5）锻造模具经试锻合格后不需要中间抽查，以节省工作时间。

（　　）（6）锤锻模是依靠燕尾和楔铁紧固在锤头和砧面上，在紧固楔铁时，应同时用锤头带动上模轻击下模，使锻造模具易于紧固。

（　　）（7）锻造模具工作时温度高，易产生热疲劳损坏和冲击载荷损坏，但模具材料、加工工艺、热处理工艺等方面不会影响到模具使用寿命。

3. 简述锻造模具预热、冷却的作用。

4. 锻造模具试锻的目的是什么？应该如何实施？

5. 锻造模具的润滑目的是什么？

6. 锻造模具使用前的检验包括哪些内容？

7. 简要说明锻造模具的冷却方法及特点。

8. 各小组根据本组情况，结合保养内容，对本组的模具进行保养，并正确填写锻造模具保养记录表。

锻造模具保养记录表

产品名称			模具名称			材料牌号	
保养类别	□定期保养		模具状况	□新模具		保养时间	
	□日常保养			□翻新模具		保养人员	
保养项目	检查项目	有	无	检查项目		有	无
	检查模面是否生锈			检查模腔是否塌陷			
	检查模座的导柱、导套等机构有无润滑			检查导柱、导套或锁扣有无损伤			
	检查上下模腔是否有裂纹			检查紧固螺钉有无松动			

续表

	检查项目	有	无	检查项目	有	无
保养项目	检查模具尺寸是否在允许范围内，特别注意过渡圆角			检查模具闭合高度是否符合要求		
	检查模具垫板是否有裂纹			检查锻件质量是否符合要求		
	检查切边模刃口是否锋利			检查模座等工作面有无杂物		
	检查顶杆、卸料装置是否卡死			检查模面是否严重变形，影响出模		
	检查模具有无配件缺失			其他		

保养异常记录及对策	□正常　　□异常

简要情况说明：

编制人：	保管员：

注：锻造模具保养记录表由模具保管员保存。

四、评价与分析

填写学习活动过程自评表（见表 3-4-1）。

表 3-4-1　　　　　　　　　　学习活动过程自评表

班级_____　学生姓名_____　组别_____　时间____年____月____日

评价指标	评价要素	分值	实际得分
信息检索	1. 能有效利用教学资源或实训手册查询锻造模具维修保养等信息，并能把查询的信息有效转换到学习活动中 2. 能通过咨询、小组讨论等方式了解锻造模具维护保养与使用寿命之间关系	20	
感知工作	1. 能对锻造模具在生产过程中按规定进行检验、装模与调试等 2. 能规范填写锻造模具保养记录表	20	
参与状态	1. 主动参与学习活动，与同学交流关键知识点，展示关键技能点 2. 在教师的指导下，分组检测常用锻造模具重要配合部位的润滑保养等内容 3. 能够按要求完成锻造模具的维护与保养流程，进行多向、适宜的信息交流	10	

续表

评价指标	评价要素	分值	实际得分
学习方法	1. 通过线上线下结合的方式，自主学习锻造模具保养与管理内容，记录其关键知识点与技能点 2. 能与他人有效合作探究，积极参与小组讨论交流 3. 在教师的指导下，能独立细致地完成学习任务，具有一定的创新性	15	
学习过程	1. 简述锻造模具检验、预热、润滑等要求 2. 规范填写锻造模具保养记录表，记录相关数据，提出合理化的建议 3. 对锻造模具进行正确的维护与保养 4. 记录并反映上课的出勤情况和完成工作任务情况	25	
自评反馈	1. 按时按质完成学习任务，较好地掌握专业知识点 2. 积极参与学习过程中的每个环节，具有较强的信息分析能力和理解能力	10	
合计		100	
评定等级			
自我总结			
努力方向			

注：等级评定 A ≥ 85（好）、85>B ≥ 70（较好）、70>C ≥ 60（一般）、D<60（有待提高）

学习活动五　成果展示与评价

学习目标

1. 能正确规范撰写学习任务总结。
2. 能采用多种形式展示学习成果。
3. 能有效进行学习反馈与经验交流，完成考核评价。

一、自我评价

学生结合自身学习任务完成情况,撰写学习情况总结,并完成学习任务综合评价表(见表3-5-1),自我评价内容归纳分析学习活动中获得的知识与经验,查找存在的不足,提出遇到的困难与问题。

二、小组展示与互评

根据完成任务情况,以小组为单位推荐代表进行任务展示,其他小组对展示小组进行评价,并完成学习任务综合评价表(见表3-5-1)小组评价内容。

三、教师评价

教师根据学生自评、小组展示与互评,对小组任务完成情况进行点评,帮助学生全面系统回顾任务实施过程,对创新方法、学习态度等方面出现的亮点鼓励予以鼓励,对存在的不足及问题提出改进措施,并完成学习任务综合评价表(见表3-5-1)教师评价内容。

表3-5-1　　　　　　　　学习任务综合评价表

班级＿＿＿＿　学生姓名＿＿＿＿　组别＿＿＿＿　时间＿＿＿＿年＿＿月＿＿日

项目（每项20分）	自我评价	小组评价	教师评价
活动完成情况			
团结协作精神			
工作纪律态度			
专业表达能力			
学习总体表现			
小计			
评价等级			
自我总结			

学生签字:
年　月　日

续表

小组评语	组长签字： 年　月　日
教师简评	指导教师： 年　月　日

注：等级评定 A≥85（好）、85>B≥70（较好）、70>C≥60（一般）、D<60（有待提高）

学习任务四

注射成形模具的维护与保养

学习活动一　塑料制品与注射成形 /124
学习活动二　注射模的分类与结构 /130
学习活动三　注射成形制品常见缺陷与注射模维修 /140
学习活动四　注射模维护保养的内容与注意事项 /151
学习活动五　成果展示与评价 /157

📖 **任务描述**

学院的模具实训室在生产的名片夹、放大镜等产品的过程中出现了不同质量的问题，现需要对实训室的注射成形模具进行维修保养，排除故障。

学习活动一　塑料制品与注射成形

🔍 **学习目标**

1. 识别塑料产品及常用材料的种类。
2. 掌握注射成形原理，明确注射机结构及分类。

一、塑料制品

塑料制品广泛应用于国防、机电、汽车、建材、包装、农业、医疗卫生等人们生活的各个领域，如图4-1-1所示。目前最常使用的材料包括PE、PP、ABS、PA、PC、PVC等十几种。

（1）PE。PE材料也称为聚乙烯，是日常生活中比较常用的高分子材料之一，主要用于制造塑料袋、塑料薄膜、牛奶桶等产品。

（2）PP。PP材料也称为聚丙烯，其结晶度高、结构规整，具有优良的力学性能。

（3）ABS。ABS树脂适合制作一般机械零件、减磨耐磨零件、传动零件和电信零件等。

（4）PA。PA材料也称为聚酰胺（俗称尼龙），常用于制作梳子、牙刷、衣钩、网袋绳、水果外包装袋等。

（5）PC。PC材料也称为聚碳酸酯，常用于制作光碟、眼镜片、水瓶、防弹玻璃、护目镜、车头灯等。

（6）PVC。PVC材料也称为聚氯乙烯，常见制品有板材、管材、鞋底、玩具、门窗、电线外皮、文具等。

学习任务四　注射成形模具的维护与保养

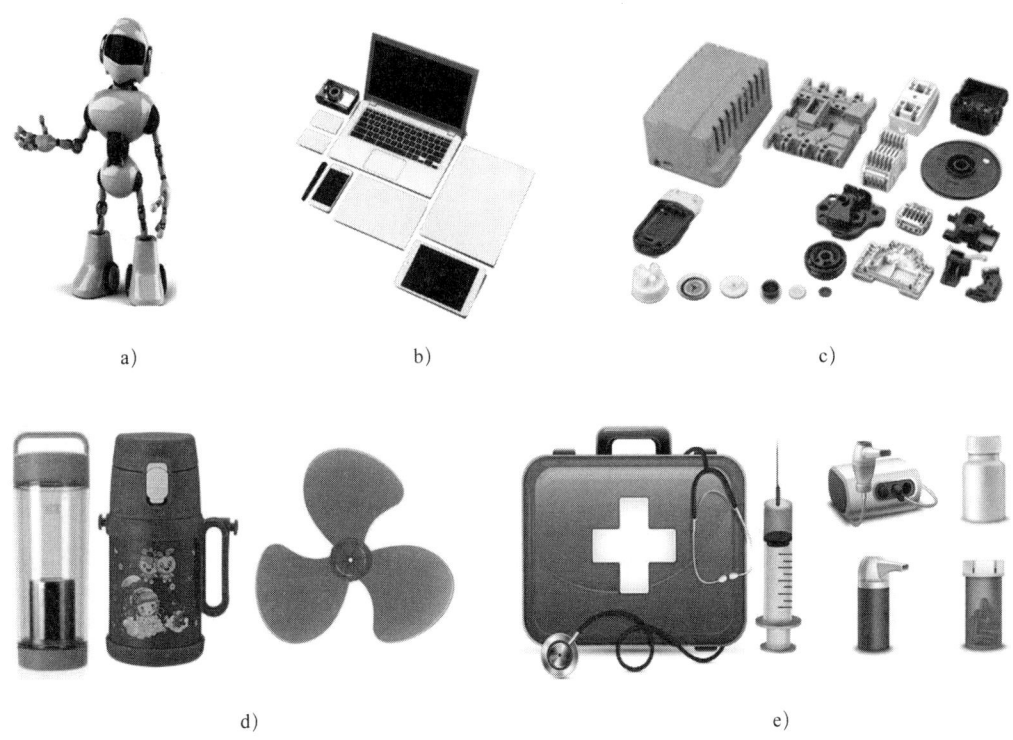

图 4-1-1　常见塑料制品
a）机器人　b）数码产品　c）电器元件　d）日常用品　e）医疗用品

二、注射成形与注射机

1. 注射成形

注射成形就是将塑料（一般为粒料）在注射成形机的料筒内加热熔化，当其呈流动状态时，在柱塞或螺杆的加压下，熔融塑料被压缩并向前移动，进而通过料筒前端的喷嘴以很快速度注入温度较低的闭合模具内，经过一定时间冷却定型后，开启模具清理后即得制品。

注射成形是一个循环的过程，每一循环周期如图 4-1-2 所示。

2. 注射机

（1）注射机分类

1）按外形特征不同注射机可分为立式、卧式、直角式、旋转式和偏心式等多种，目前以卧式最为常用。卧式注射机和立式注射机如图 4-1-3 所示。

2）按工程塑料在料筒中熔融塑化的推进方式不同，注射机可分为柱塞式和螺杆式两种。柱塞式注射机由于存在塑化能力较低、塑化不易均匀、注射压力损耗大、注射速度较低等缺点，近年来已较少使用。

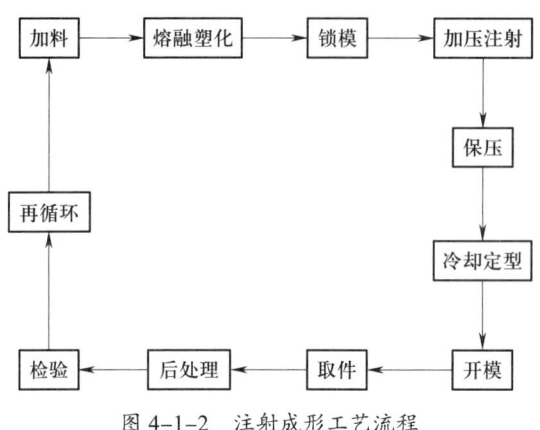

图 4-1-2　注射成形工艺流程

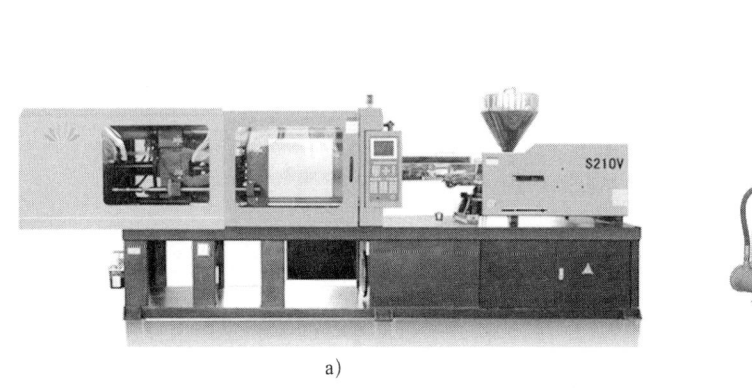

a)　　　　　　　　　　　　　　　　　b)

图 4-1-3　卧式和立式注射机
a）卧式注射机　b）立式注射机

在加工过程中一次成形且制件同时拥有两种颜色的注射设备称为双色注射机。其原理是一台注射机有两个注射料管，合模后可以先后或同时往同一个模具内注射原料，如有些带花纹的塑料盆、汽车车灯等可采用双色注射机加工。现在也已有三色、四色注射机用于加工产品，三色注射机如图 4-1-4 所示。

图 4-1-4　三色注射机

（2）注射机组成。注射机是将热塑性塑料或热固性塑料，利用塑料成形模具制成各种形状的塑料制品的主要成形设备。

注射机通常由注射系统、合模系统、液压传动系统、电气控制系统、润滑系统、加热/冷却系统、安全监测系统等组成。

三、引导问题与练习

1. 填空题

（1）注射成形的循环周期主要包括以下步骤：（　　　　）—（　　　　）—锁模—加压注射—（　　　　）—（　　　　）—开模—取件。

（2）注射机按工程塑料在料筒中熔融塑化的推进方式不同可分为_____和_____两种。

2. 简述注射成形工作原理。

3. 简述常用注射机的分类方法。

4. 注射机由哪些部分组成？

5. 请查阅相关资料,将下表中注射机各系统的结构和作用补充完整。

注射机各系统结构和作用

序号	名称	系统结构	作用
1	注射系统	塑化装置和动力传递装置	在规定的时间内将一定数量的塑料加热塑化后,在一定的压力和速度下,通过螺杆将熔融塑料注入模具型腔中
2	合模系统		
3	液压传动系统		
4	电气控制系统		
5	加热/冷却系统		
6	润滑系统		
7	安全监测系统		

四、评价与分析

填写学习活动过程自评表(见表 4-1-1)。

表 4-1-1　　　　　　　　　　　学习活动过程自评表

班级_____　学生姓名_____　组别_____　时间_____ 年_____ 月_____ 日

评价指标	评价要素	分值	实际得分
信息检索	1. 能有效利用教学资源或实训手册查询注射生产、注射设备等信息,并能把查询的信息有效转换到学习活动中 2. 能通过咨询、小组讨论等方式,了解注射材料种类及特点	20	
感知工作	1. 能认识塑料制品、注射设备,了解注射机的工作原理 2. 能明确常用注射机种类,掌握注射机的组成与结构	20	
参与状态	1. 主动参与学习活动,与同学交流关键知识点,展示关键技能点 2. 在教师的指导下,到实训室观看注射生产过程,检验塑料制品质量 3. 能说明注射机各部分的作用,进行多向、适宜的信息交流	10	
学习方法	1. 通过线上线下结合的方式,自主学习注射生产知识,记录其关键知识点与技能点 2. 与他人有效合作探究,积极参与小组讨论交流 3. 在教师的指导下,能独立细致地完成学习任务,具有一定的创新性	15	
学习过程	1. 简述注射材料种类,识别常见的注射材料 2. 查看实训室立式与卧式注射机的说明书,记录主要技术参数,为模具维护与保养提出合理化的建议 3. 记录并反映上课的出勤情况和完成工作任务情况	25	
自评反馈	1. 按时按质完成学习任务,较好地掌握专业知识点 2. 积极参与学习过程中的每个环节,具有较强的信息分析能力和理解能力	10	
合计		100	
评定等级			
自我总结			
努力方向			

注:等级评定 A ≥ 85(好)、85>B ≥ 70(较好)、70>C ≥ 60(一般)、D<60(有待提高)

学习活动二　注射模的分类与结构

学习目标

1. 了解塑料成形模具和注射模的分类，掌握注射模的结构。
2. 正确识读注射模的装配图。

一、塑料成形模具的分类

根据塑料制品成形方法不同，通常将塑料成形模具分为注射成形模具（简称注射模）、压缩成形模具（简称压缩模）、压注成形模具（简称压注模）、挤出成形模具、气压成形模具和发泡塑料成形模具等。塑料成形模具如图 4-2-1 所示。

  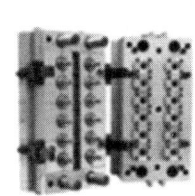 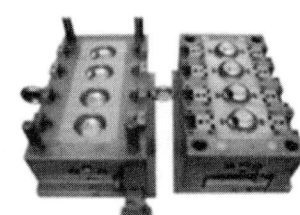

图 4-2-1　塑料成形模具

二、注射模的分类

注射模的分类方法有很多，按照不同的划分依据，通常包括以下几类。

（1）按塑料材料类别分为热塑性注射模、热固性注射模。

（2）按模具型腔数目分为单型腔注射模、多型腔注射模。

（3）按模具安装方式分为移动式注射模、固定式注射模。

（4）按注塑机类型分为卧式注射模、立式注塑模和直角式注射模。

（5）按制件尺寸精度分为一般注射模、精密注射模。

（6）按模具浇注系统型制分为大水口模具、细水口模具和热流道模具。

1）大水口模具。大水口模具的流道及浇口在分模面上，与产品在开模时一起脱模，设计简单、容易加工、成本较低。因大水口模具的定模一般由两块模板组成，故也称此类结构模具为两板模，如图 4-2-2 所示。

2）细水口模具。细水口模具的流道及浇口不在分模面上，一般直接在产品上，所以要多设计一组水口分模线，设计较为复杂，加工较困难，一般要视产品要求而选用细水口系统。细水口模具的定模一般由三块模板组成，也称此类结构模具为"三板模"，如图4-2-3所示。

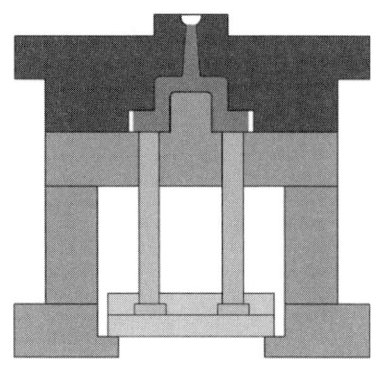

图4-2-2 大水口模具

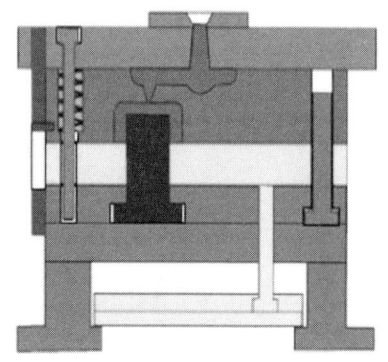

图4-2-3 细水口模具

3）热流道模具。此类模具结构与细水口大体相同，其最大区别是流道处于一个或多个有恒温的热流道板及热喷嘴上，无冷料脱模，流道及浇口直接在产品上，所以流道不需要脱模，此系统又称为无水口系统。热流道模具可节省原材料，适用于原材料较贵、制品要求较高的情况，但设计及加工困难，模具成本高，如图4-2-4所示。

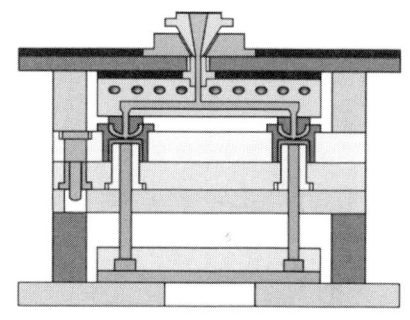

图4-2-4 热流道模具

三、注射模的结构组成

1. 基本结构

注射模的结构是由所选注射机的形式和塑料制品的复杂程度等因素决定的。就基本结构而言，注射模由定模和动模两大部分组成，两部分的接触面为分型（模）面，如图4-2-5所示。

注射模一般采用固定式结构。注射机固定模板（前模板）中心有一个起定位作用的基准孔，孔中心与注射机料筒和喷嘴中心一致。定模通过定位圈定位于注射机的固定模板，并用垫板、螺钉压紧或用螺钉固定；动模则通过垫板、螺钉压紧或用螺钉固定在注射机的动模板上。锁模并注射成形保压冷却后，通过动模的移动完成开模或合模动作。

常用的锁模机构有双液压缸开合螺母锁模机构（见图4-2-6）和动定模的机械刚性锁模机构（见图4-2-7）。

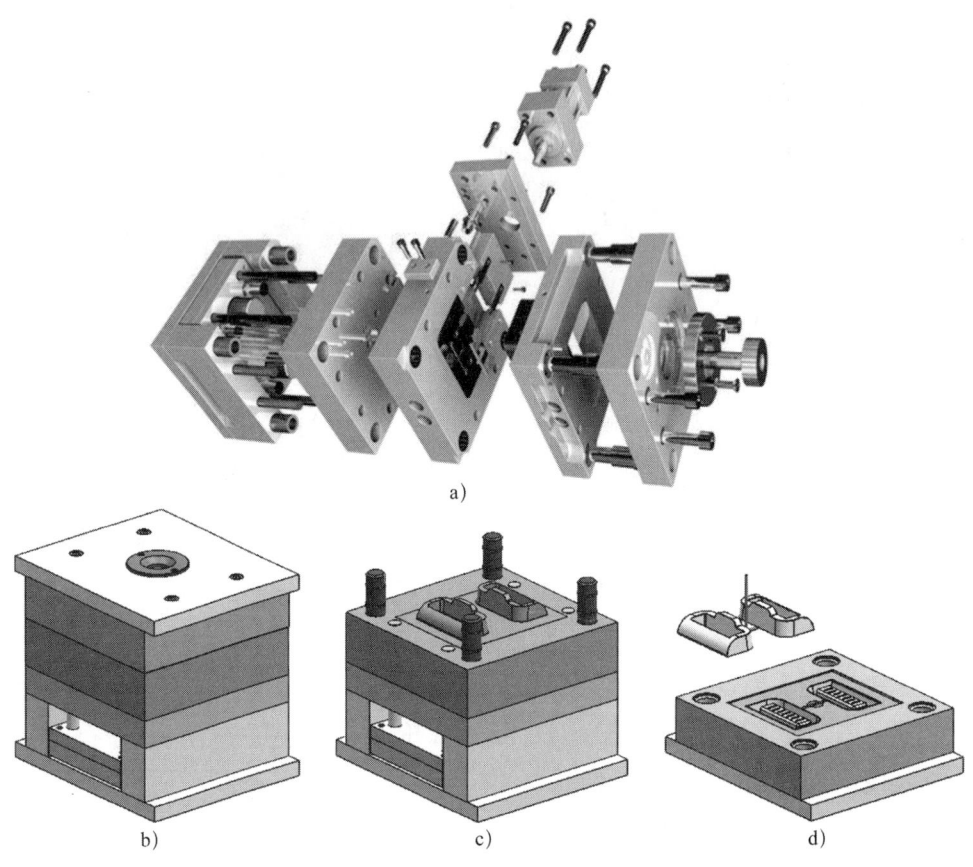

图 4-2-5 注射成形模具

a）带气缸侧抽芯机构注射模爆炸图　b）一模二件注射模

c）一模二件动模　d）一模二件定模

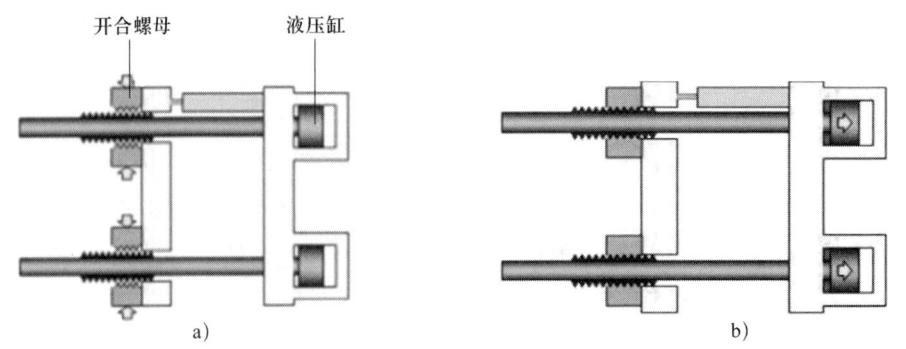

图 4-2-6 液压缸直压式锁模机构

a）开合螺母锁住位杆　b）液压缸拉紧锁模开始

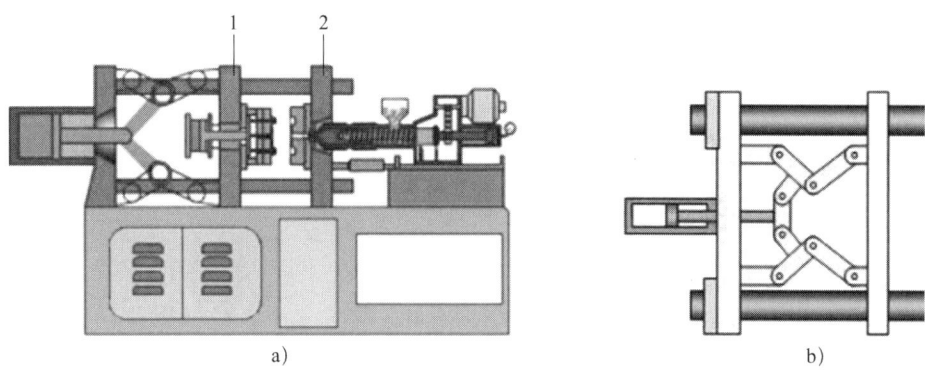

图 4-2-7 卧式注射模的动模、静模
a)动定模安装位置　b)液压机械刚性锁模机构
1—动模架与动模板；2—静模架与静模板

2. 零部件

每副注射模都由许多零部件构成，一般可将这些零部件分为成形零部件和结构零部件两大类。成形零部件构成模具模腔，它们的作用是成形时形成塑料制品的形状和尺寸。结构零部件构成模具的完整结构并各司其职，它通常包括以下几个组成部分：合模导向机构、支撑零部件、浇注系统、推出（脱模）机构、侧向分型与抽芯机构（见图 4-2-8）、温度调节系统、开模控制零件、排气系统等。

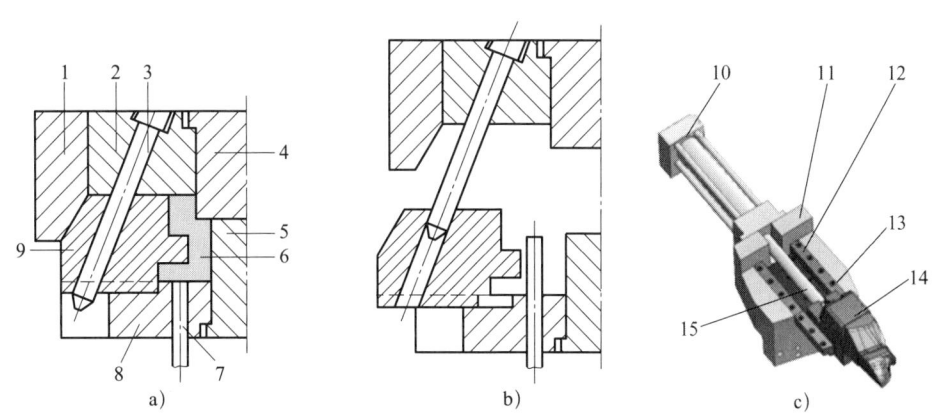

图 4-2-8 侧向分型与抽芯机构
a)斜导柱闭合　b)斜导柱开启　c)气动侧向抽芯机构
1—楔紧块；2—固定板；3—侧抽芯斜导柱；4—定模板；5—动模板；6—制件；
7—顶料杆；8—凸模；9—侧抽芯机构；10—气缸；11—挡块；
12—导向板；13—螺钉；14—汽车灯罩；15—侧型芯

3. 注射模架

模架是注射模的骨架和基体，除凹模和型芯取决于塑料件外，模架的其余部分都极其相似，目前各模具制造企业的模架已经基本标准化。模架主要由定模座板、定模板、动模座板、动模板、支撑板、垫块、推杆固定板、推板、导柱和导套等零件组成。

四、注射模典型结构

注射模的典型结构包括二板式结构、三板式结构、侧向分型与抽芯结构、带有活动镶件结构、带有脱螺纹结构等，它们结构不同、用途不一，应根据塑料制品的结构形状和成形要求等进行选择。这里我们主要介绍二板式结构和三板式结构。

1. 二板式注射模

（1）结构特征。二板式注射模也称为单分型面注射模，其模架结构如图4-2-9所示。

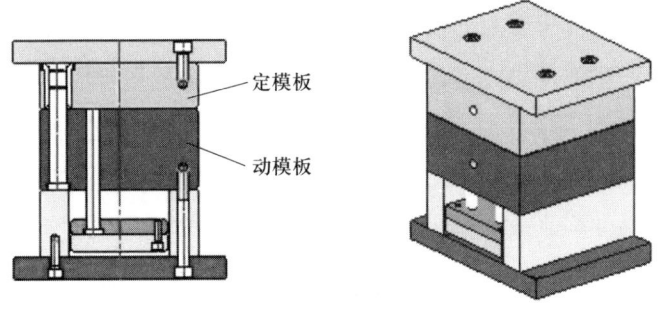

图4-2-9 二板式注射模模架结构示意

二板是指定模板和动模板，其最大特征是，模具上只有一个将动、定模部分分开的分型面，模腔由开设或固定于动模板和定模板上的成形零件构成，成形零件通常都采用镶件结构。二板式注射模是注射模具中最简单、最基本的一种结构形式，由于其适应性较强，因而应用广泛。

（2）工作原理。图4-2-10所示为单腔结构二板式注射模，即一模一件的二板式注射模，其模架只有一次开模动作，工作原理如下。

开模时，动模后退，模具从分型面分开，包裹在成形零件（型芯）上的塑料制品（连同浇注系统凝料）随动模部分一起右移而脱离成形零件（型腔）。移动一定距离后，通过注射机的顶杆及模具推出机构的作用，使塑料制品脱离型芯。

闭模时，通过注射机合模机构带动，在导柱和导套的导向定位作用下，动、定模闭合。

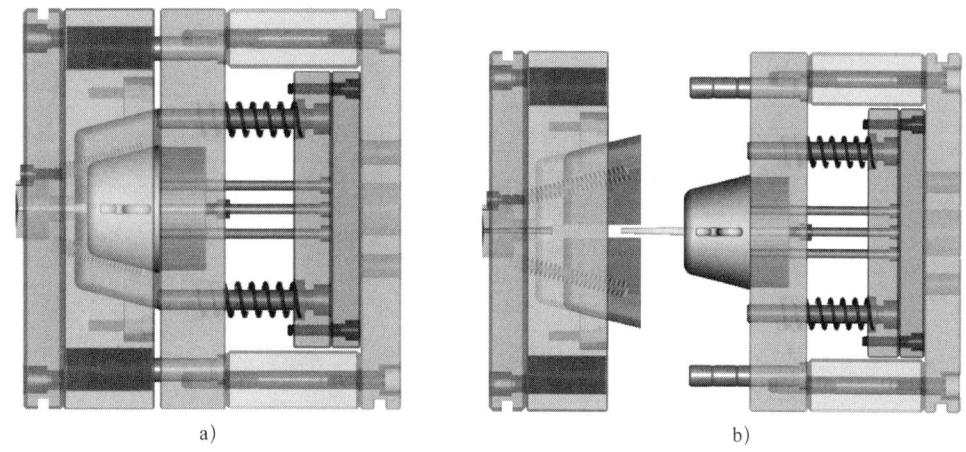

图 4-2-10 二板式注射模
a）开模前 b）推出塑料制品

2. 三板式注射模

（1）结构特征。三板式注射模也称为双分型面注射模，其模架结构如图 4-2-11 所示。

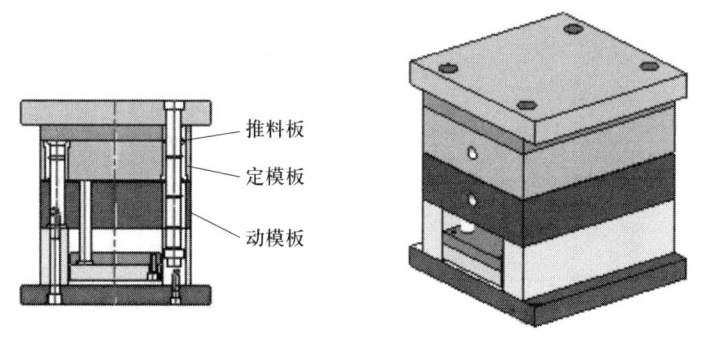

图 4-2-11 三板式注射模模架结构示意

三板是指动模板、定模板和推料板（也称水口推板，俗称 R 板），与二板式注射模相比，推料板和定模板可局部移动，定模板的上、下表面为两个分型面。

（2）工作原理。对于三板式注射模具来说，模具开启时，三板依次分离，经历三次开模动作：第一次发生在定模板与推料板之间；第二次发生在定模座板与推料板之间；第三次发生在定模板和动模板之间。通过三次动作，浇注系统凝料（第二次）和塑料制品（第三次）分别在不同的分型面取出，如图 4-2-12 所示。

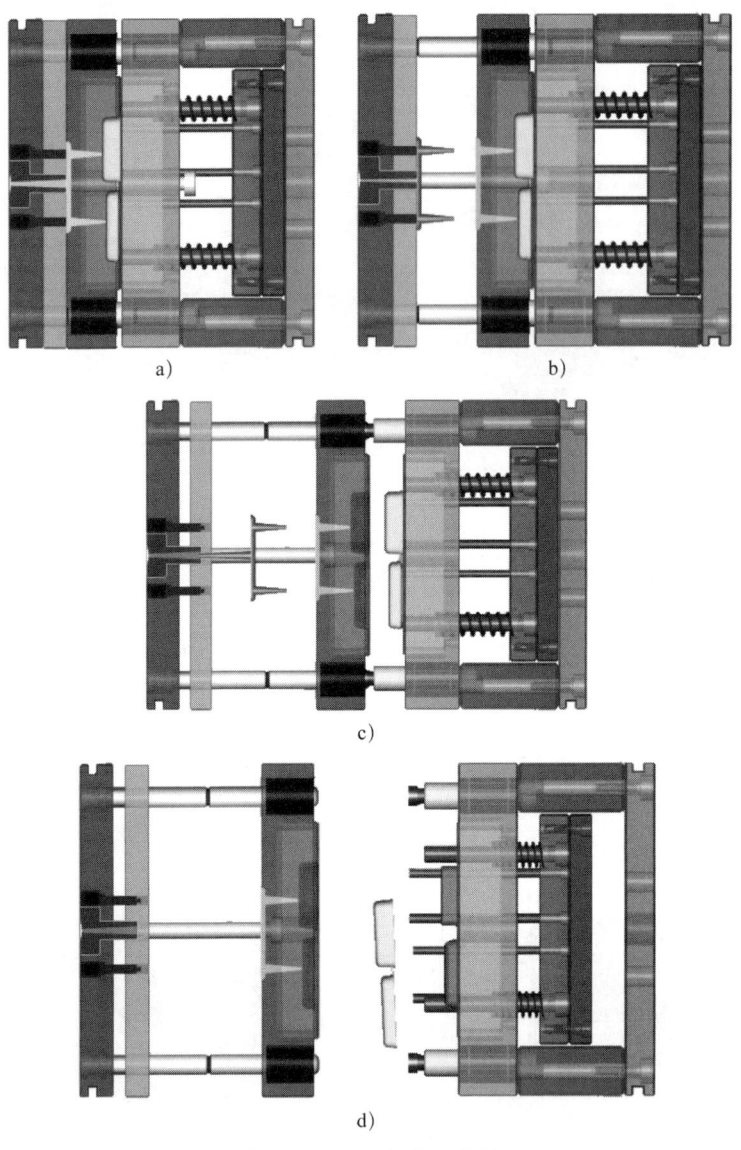

图 4-2-12 三板式注射模
a) 开模前　b) 一次开模　c) 二次开模　d) 三次开模

五、引导问题与练习

1. 填空题

（1）根据塑料模具浇注系统型制的不同分为＿＿＿＿、＿＿＿＿、＿＿＿＿三类。

（2）注射模具由动模和定模两部分组成，＿＿＿＿＿安装在注射机的移动模板上，＿＿＿＿＿安装在注射机的固定模板上。

（3）两板模又称＿＿＿＿＿＿模具，三板模又称＿＿＿＿＿＿模具。

2. 大水口模具与细水口模具各有什么特点？其分型面有什么区别？

3. 简述三板模开模的工作原理。

能力拓展：根据图 4-2-13 回答下面的问题。

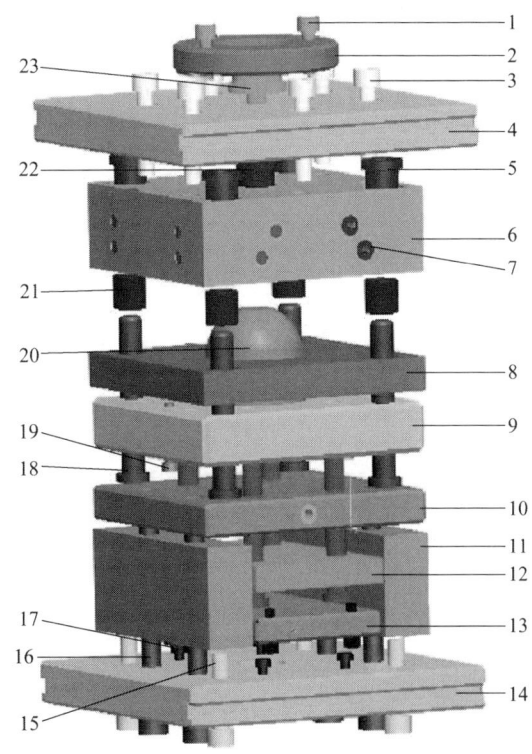

图 4-2-13　塑料大口碗二板注塑模具 3D 爆炸图

1—定位环紧固螺钉；2—定位环；3—定模紧固螺钉；4—定模座板；5—导套；6—定模板（带凹模）；7—冷却水道；
8—推料板；9—动模板（带凸模）；10—动模支撑板；11—动模支架；12—推杆固定板；13—推板；
14—动模座板；15—支架紧固螺钉；16—支撑板紧固螺钉；17—限位钉；18—导柱；
19—螺钉；20—凸模；21—衬套；22—定模镶圈；23—浇口套

（1）分析零件 8 和零件 10 各有什么作用。

（2）如果零件 8 出现推料困难，表面有拉痕故障，需要拆卸下来修复，拆卸顺序是什么？

（3）根据图 4-2-13 所示模具结构并查询资料，画出浇口套零件图，尺寸从装配图量取，按比例计算各部位尺寸，取整数。

浇口套	比例	数量	材料
	1∶1	2	45
制图		班级	
审核			

（4）结合图 4-2-13 中各部分名称，在横线上填写对应部分名称。

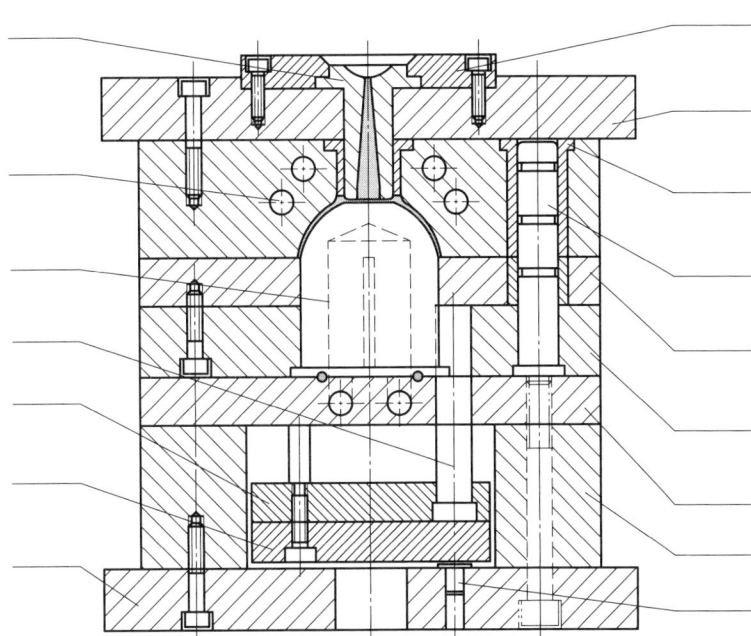

六、评价与分析

填写学习活动过程自评表，见表 4-2-1。

表 4-2-1　　　　　　　　　　学习活动过程自评表

班级_____　学生姓名_____　组别_____　时间_____年____月____日

评价指标	评价要素	分值	实际得分
信息检索	1. 能有效利用教学资源或实训手册查询注射模分类及结构等信息，并能把查询的信息有效转换到学习活动中 2. 能通过咨询、小组讨论等方式，分析典型注射模结构特点	20	
感知工作	1. 能认识注射模，了解注射模的结构特点 2. 能分析典型的注射模图形，了解注射生产的基本工序 3. 能了解典型注射模的结构	20	
参与状态	1. 主动参与学习活动，与同学交流关键知识点，展示关键技能点 2. 在教师或企业专家的指导下，了解不同注射模特点 3. 陈述二板模与三板模的异同点，进行多向、适宜的信息交流	10	

续表

评价指标	评价要素	分值	实际得分
学习方法	1. 通过线上线下结合的方式，自主学习典型注射模具结构，记录其关键知识点与技能点 2. 能与他人有效合作探究，积极参与小组讨论交流 3. 在教师的指导下，能独立细致完成学习任务，具有一定的创新性	15	
学习过程	1. 根据图形或实物等简述注射模的种类，明确其结构关系 2. 陈述大水口模、细水口模、热流道模之间区别 3. 掌握三板模的工作原理 4. 记录并反映上课的出勤情况和完成工作任务情况	25	
自评反馈	1. 按时按质地完成学习任务，较好地掌握专业知识点 2. 积极参与学习过程中的每个环节，具有较强的信息分析能力和理解能力	10	
合计		100	
评定等级			
自我总结			
努力方向			

注：等级评定 A ≥ 85（好）、85>B ≥ 70（较好）、70>C ≥ 60（一般）、D<60（有待提高）

学习活动三　注射成形制品常见缺陷与注射模维修

学习目标

1. 了解注射成形制品的常见缺陷形式，明确缺陷产生的主要原因。
2. 掌握注射模的维护和调试方法。

一、注射成形制品的质量评价因素

判断注射成形模具结构和工艺的优劣最终集中表现在注射成形制品的质量上。一般来说，注射成形制品主要从工艺参数、外观、尺寸、性能4个方面评价其性能的优劣，重点从外观、尺寸和性能 3 个方面评价。外观包括完整性、颜色、表面光泽、过渡表面流畅性；尺寸包括几何尺寸和相对位置间的准确性，即尺寸精度和位置精度；性能包括与用途相应的力学性能、化学性能、电学性能等，即功能性指标。

二、注射成形制品缺陷

1. 注射成形制品常见的缺陷形式（见图 4-3-1）

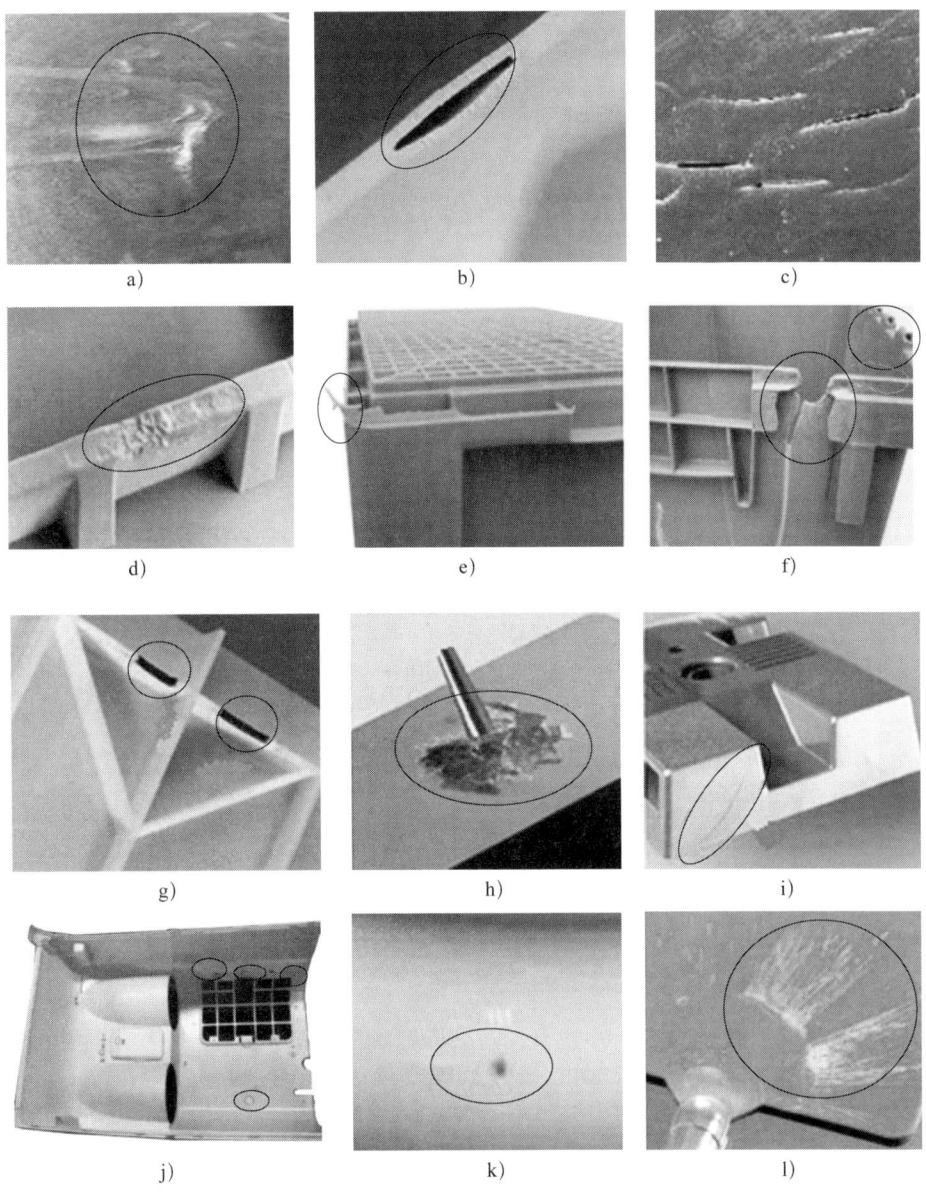

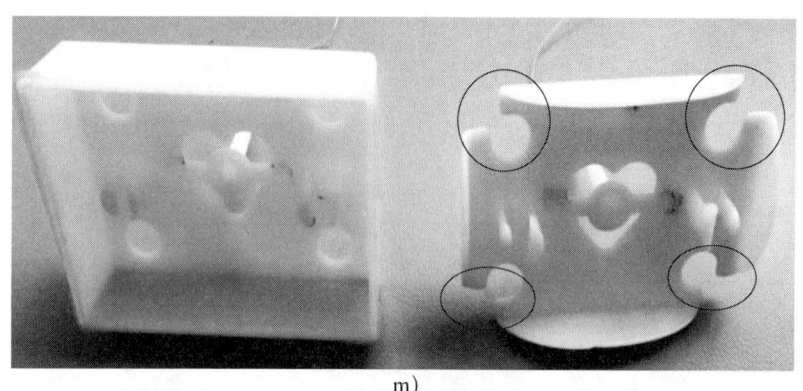

图 4-3-1 部分注射成形制品常见缺陷

a）流痕　b）气泡　c）料脆　d）未充满　e）飞边　f）脆裂　g）烧焦痕
h）分层起皮　i）熔接痕　j）油污、模溃　k）黑点、混色　l）银纹
m）正常零件与缺料零件对比

2. 注射成形制品常见缺陷分析（见表 4-3-1）

表 4-3-1　　　　　注射成形制品常见缺陷主要原因

名称	主要原因
未充满	A. 工艺条件方面：塑化温度太低、喷嘴温度太低、注射时间太短、注射速度太慢、模温太低 B. 模具方面：流道太小、浇口太小、浇口位置不合理、排气不良、型腔内有杂物 C. 原材料方面：流动性太差、混有杂物
飞边	A. 工艺条件方面：塑化温度过高、注射时间过长、加料量太多、注射压力过高、模温太高、模板间有杂物 B. 模具方面：模具变形、型芯与型腔配合尺寸有误差、模板组合不平行、排气槽过深 C. 设备方面：模板不平行、锁模力不足、模板闭合不紧 D. 原材料方面：流动性过高
变形	A. 工艺条件方面：料温过高、模温过高、保压时间太短、冷却时间太短 B. 模具方面：浇口位置不当、浇口数量不够、顶出位置不当使受力不均
气泡	A. 工艺条件方面：注射压力低、保压压力不够、保压时间不够、料温过高 B. 模具方面：排气不良、浇口位置不合理、浇口尺寸太小 C. 原材料方面：含水分未干燥或干燥时间不够、收缩率过大
流痕	A. 工艺条件方面：料温太低未完全塑化、注射速度太低、注射压力太小、保压压力不够、模温太低、注射量不足 B. 模具方面：浇口太小、浇口数量太少、流道浇口粗糙、型面粗糙度差 C. 设备方面：温控后系统失灵、油泵压力下降 D. 原材料方面：含挥发物、水分太多、流动性太差、混入杂料
缩坑	A. 工艺条件方面：加料量不足、注射时间和保压时间过短、料温和模温过高、冷却时间太短 B. 模具方面：流道太细小、浇口太小、排气不良 C. 设备方面：注射压力不够、喷嘴堵有异物 D. 原材料方面：收缩率过大

续表

名称	主要原因
尺寸不稳定	A. 工艺条件方面：注射压力过低、料筒温度过高、保压时间变动、注射周期不稳、模温太高 B. 模具方面：浇口尺寸不均、型腔尺寸不准、型芯松动、模温太高或未设冷却水道 C. 原材料方面：材料牌号品种有变动、颗粒大小不均、含有挥发性物质
脱模困难	A. 工艺条件方面：注射压力太高、保压时间太长、注射量太多、模温太高 B. 设备方面：顶出力不够、顶杆行程不够 C. 模具方面：无脱模斜度、粗糙度不够、顶出方式不当、配合精度不当、排气不良、模板变形
银纹	A. 工艺条件方面：料温过高、注射速度过快、注射压力过大、塑化不均、脱模剂过多 B. 模具方面：浇口太小、模具表面粗糙度差、排气不良 C. 设备方面：背压过低、喷嘴有流延物 D. 原材料方面：含水分未干燥、润滑剂过量
烧焦痕	A. 工艺条件方面：料温过高、注射压力过高、速度太快、停机时间太长、脱模剂不干净 B. 模具方面：浇口太小、排气不良、型腔复杂、型腔表面粗糙度差 C. 原材料方面：料中有杂物混入、颗粒料中有粉末料
变色	A. 工艺条件方面：料温过高、注射压力太大、成形周期长、模具未冷却、喷嘴温度高 B. 模具方面：浇口太小 C. 设备方面：料筒或喷嘴中有阻碍物、螺杆转速高、型芯与喷嘴中心同轴度不高 D. 原材料方面：材料污染、着色剂分解、挥发物含量高
熔接痕	A. 工艺条件方面：注射压力低、注射时间短、料温低、合模力太大、脱模剂不合适 B. 模具方面：模具温度过低、流道细小、浇口位置不对、排气不良 C. 设备方面：加热塑化不良 D. 原料方面：流动性太差、润滑剂太多、材料有异物
光泽缺陷	A. 工艺条件方面：料温或模温偏低、注射压力过低、注射速度过大或过小、冷却时间太短 B. 模具方面：模具粗糙度变大、浇口太小、流道太细、排气不良 C. 设备方面：供料不足 D. 原料方面：原料未干燥处理或含挥发性物质、原料易降解、塑化剂或脱模剂用量过多或质量不好、含有异物

三、注射模维修

1. 注射模的维修原则

（1）零件更换一定要符合原图样规定的材料牌号和各项技术要求。

（2）维修后的模具一定要重新试模和调整，直到生产出合格的制件后，方可交付使用。

2. 注射模的维修步骤

（1）在维修前先用汽油或清洗剂将模具清洗干净。

（2）将清洗后的模具按原图样的技术要求检查损坏部位的情况。

(3)根据检查结果填写模具报修单。

(4)按规定的维修方案拆卸损坏部位。拆卸时,可以不拆的尽量不拆,以减少重新装配时调整和研配工作。

(5)将拆下的损坏零部件按要求进行修理。

(6)将重新调整后的模具进行试模,检查故障是否排除,制件质量是否合格,直至故障完全排除并试制出合格制件后,方能交付使用。

3. 注射成形制品常见缺陷的解决方法(见表4-3-2)

表4-3-2　　　　　　　　　注射成形制品常见缺陷的解决方法

常见缺陷	解决方法
主浇道粘模	抛光主浇道→喷嘴与模具中心重合→降低模具温度→缩短注射时间→增加冷却时间→检查喷嘴加热圈→抛光模具表面→检查材料是否污染
脱模困难	降低注射压力→缩短注射时间→增加冷却时间→降低模具温度→抛光模具表面→增大脱模斜度→减小镶块处间隙
尺寸稳定性差	改变料筒温度→增加注射时间→增大注射压力→改变螺杆背压→升高模具温度→降低模具温度→调节供料量→减小回料比例
表面波纹	调节供料量→升高模具温度→增加注射时间→增大注射压力→提高物料温度→增大注射速度→增加浇道与浇口的尺寸
翘曲和变形	降低模具温度→降低物料温度→增加冷却时间→降低注射速度→降低注射压力→增加螺杆背压→缩短注射时间
脱皮分层	检查塑料种类和级别→检查原料是否污染→升高模具温度→原料干燥处理→提高原料温度→降低注射速度→缩短浇口长度→减小注射压力→改变浇口位置→采用大孔喷嘴
银纹	降低原料温度→原料干燥处理→增大注射压力→增大浇口尺寸→检查塑料的种类和级别→检查原料是否污染
表面光泽差	原料干燥处理→检查原料是否污染→提高原料温度→增大注射压力→升高模具温度→抛光模具表面→增大浇道与浇口的尺寸
凹痕	调节供料量→增大注射压力和注射时间→降低原料速度→降低模具温度→增加排气孔→增大浇道与浇口尺寸→缩短浇道长度→改变浇口位置→降低注射压力→增大螺杆背压
气泡	原料干燥处理→降低原料温度→增大注射压力→增加注射时间→升高模具温度→降低注射速度→增大螺杆背压
塑料充填不足	调节供料量→增大注射压力→增加冷却时间→升高模具温度→增加注射速度→增加排气孔→增大浇道与浇口尺寸→增加冷却时间→缩短浇道长度→增加注射时间→检查喷嘴是否堵塞
溢边	降低注射压力→增大锁模力→降低注射速度→降低射料温度→降低模具温度→重新校正分型面→降低螺杆背压→检查塑件投影面积→检查模板平直度→检查模具分型面是否锁紧

续表

常见缺陷	解决方法
熔接痕	升高模具温度→提高射料温度→增加注射速度→增大注射压力→增加排气孔→增大浇道与浇口尺寸→减少脱模剂用量→减少浇口个数
强度下降	射料干燥处理→降低射料温度→检查射料是否污染→升高模具温度→降低螺杆转速→降低螺杆背压→增加排气孔→改变浇口位置→降低注射速度
裂纹	升高模具温度→缩短冷却时间→提高射料温度→增加注射时间→增大注射压力→降低螺杆背压→嵌件预热
黑点及条纹	降低射料温度→喷嘴重新对正→降低螺杆转速→降低螺杆背压→采用大孔喷嘴→增加排气孔→增大浇道与浇口尺寸→降低注射压力→改变浇口位置

四、注射模调试

模具的调整与试模称为调试。注射模在装配后，为了保证模具质量必须将模具安装在注射机上，在正常生产条件下进行试模，以了解该模具的实际使用性能是否满足生产需要，如有无不完善的地方需要改进或调整。

注射模的试模与调整过程如图 4-3-2 所示。

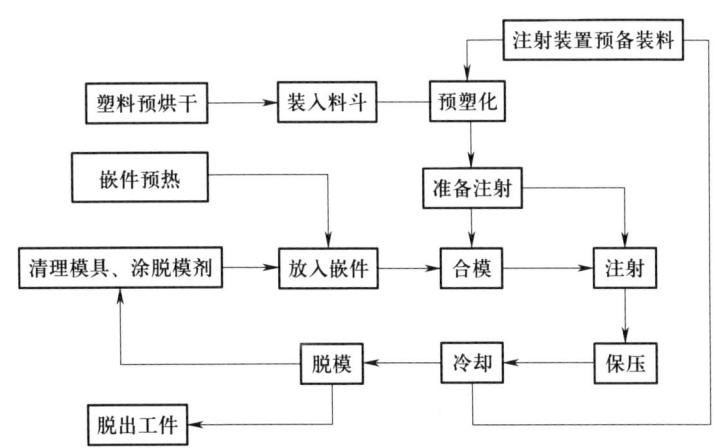

图 4-3-2　注射模试模与调整过程

1. 注射模调试前的检查

（1）模具外观检查

1）检查模具闭合高度、安装机床的各配合尺寸、顶出形式、开模距离、模具工作要求等，都要符合选定设备的技术条件。

2）检查时注意大型模具为便于安装及搬运，是否有起重孔或吊环，模具外露部分锐角是否倒钝。

3）检查各种接头、阀门、附件、备件是否齐备，模具是否有合格标志。

4）检查成形零件、浇注系统表面是否光洁，有无塌坑及明显伤痕。

5）检查各滑动零件的配合间隙是否适当，有无卡住及紧涩现象，活动是否灵活、可靠。检查起止位置的定位是否正确，各镶嵌件、紧固件是否牢固，有无松动现象。

6）检查模具的强度是否足够，工作时受力是否均匀，模具稳定性是否良好。

7）检查加料室和柱塞高度是否适当，凸模（或柱塞）与加料室配合是否合适。

8）检查工作时互相接触的承压零件（如互相接触的型芯、凸模与挤压环，加料室与柱塞）之间的间隙是否适当，承压面积及承压形式是否合理，以防止工作时零件的直接挤压。

（2）模具的空运转检查

1）合模后各承压面（分型面）之间不得有间隙，接合要严密，浇口套与喷嘴接触良好，同轴度符合要求。

2）活动型芯、顶出及导向部位运动的滑动要平稳，动作要自如，定位要准确可靠。

3）锁紧零件要安全可靠，紧固件无松动现象。

4）开模时，顶出部位要保证顺利脱模，以方便取出塑料和浇注系统的废料。

5）冷却水要通畅、不漏水，阀门控制要正常。

6）电加热系统无漏电现象，安全可靠。

7）各气动、液压控制机构动作要正常，各附件齐全，适应良好。

2. 试模前的准备工作

（1）试模原料的准备。检查试模原料是否符合图样规定的技术要求，原料应进行预热与烘干。

（2）熟悉图样及工艺。熟悉制件产品图，掌握注射成形特性、制件特点；熟悉模具结构、动作原理及操作方法；掌握试模工艺要求、成形条件及操作方法；熟悉各项成形条件的作用及相互关系。

（3）检查模具结构。按图样对模具进行仔细检查，无误后，才能安装模具并开始试模。

（4）熟悉设备使用情况。熟悉设备结构、操作方法及使用保养知识；检查设备成形条件是否符合模具使用条件及能力。

（5）工具及辅助工艺配件准备。准备好试模用的工具、量具、夹具；准备一个记录本，以便记录在试模过程中出现的异常现象及成形条件变化状况。

3. 注射模调整要点（见表4-3-3）

表4-3-3　　　　　　　　　　　　　注射模调整要点

项目	主要说明
选择喷嘴及螺杆	1. 根据不同塑料、设备要求选用螺杆 2. 按塑料品种及成形工艺要求选用喷嘴
确定加料量和加料方式	1. 按制件质量（包括浇注系统耗用量，但不计嵌件）决定加料量，并调节定量加料装置，最后以试模为准 2. 按成形要求调节加料方式 （1）固定加料法：在整个成形周期中，喷嘴与模具一直保持接触，适于一般塑料加工 （2）前加料法：每次注射后，塑化达到要求注射容量时，注射模座后退，直至下一个循环开始时再推进，使模具与喷嘴接触进行注射 （3）后加料法：注射后注射模座后退，进行预塑化，待下一个循环开始，再回复原位进行注射，主要用于结晶性塑料 3. 注射座要来回移动的注射模，则应调节定位螺钉，以保证正确复位，喷嘴与模具要紧密配合
调节锁模系统	装上模具，按模具闭合高度、开模距离调节锁模系统及缓冲装置。锁模力要适当，开闭模具时要平稳缓慢
调整顶出装置与抽芯系统	1. 调节顶出距离，以保证正常顶出制件 2. 对设有抽芯系统的设备，应将装置与模具连接，调节控制系统，保证起止动作协调，定位及行程正确
调整塑化能力	1. 按成形的具体条件进行调节 2. 调节料筒及喷嘴温度，塑化能力应按试模时塑化情况酌情增减
调节注射压力和注射速度	1. 按成形要求调节注射压力 2. 按制件及壁厚调节流量阀，进而调节注射速度
调整成形时间	按成形要求来控制注射、保压、冷却时间及整个成形周期。试模时，应手动控制，酌情调整各程序时间，也可以调节时间继电器自动控制成形时间
调节模温及水冷系统	1. 按成形条件调节水流量和电加热电压，以控制模温及冷却速度 2. 开机前，应打开油泵、料斗及冷却水系统
确定操作次序	装料、注射、闭模、开模等工序应按成形要求调节。试模时必须采用人工控制，生产时方可采用自动及半自动控制

4. 注射模卸模注意事项

（1）从注射机上卸下注射模时，要给模具的工作部分或主要零件进行防锈处理，涂上防锈油。

（2）用手动或电动合模，调整动、定模闭合状态，但不能合得太紧。

（3）选用合适的绳具吊起模具，绳具受力松紧适度。

（4）关闭电动机，使注射机处于停机状态，然后松开模具夹持块上的及紧固螺钉。

（5）启动电动机，将开模压力调低、速度调慢，慢慢开模，使注射模脱离注射机的模板。再将模具慢慢吊起，以高于机床的高度吊离注射机，放在指定的地方，即完成卸模的全部工作。

（6）对模具和机器进行保养。

五、引导问题与练习

1. 选择题

（1）主浇道粘模的修复措施是（　　），塑件脱模困难的修复措施是（　　）。

A. 抛光主浇道　　　　　　　　B. 增加注射压力

C. 减少镶块间隙　　　　　　　D. 增加注射时间

（2）注射成形制品脱皮分层的修复措施是（　　）。

A. 原料干燥处理　　　　　　　B. 增加注射压力

C. 减少镶块间隙　　　　　　　D. 降低模具温度

（3）注射成形制品产生气泡的原因是（　　）。

A. 原料内有发气物质　　　　　B. 注射压力过小

C. 注射速度过快　　　　　　　D. 原料温度过高

（4）注射成形制品裂纹的修复措施是（　　）。

A. 提高原料温度　　　　　　　B. 减少注射压力

C. 提高螺杆背压　　　　　　　D. 减少注射时间

（5）模具零件更换一定要符合原图样规定的（　　）要求。

A. 尺寸和精度　　　　　　　　B. 材料牌号和技术

C. 润滑状态和安装　　　　　　D. 尺寸和形状

（6）注射成形制品溢边的修复措施是（　　）。

A. 提高原料温度　　　　　　　B. 提高注射压力

C. 增大锁模力　　　　　　　　D. 提高螺杆背压

（7）重新调整后的模具进行试模的目的是（　　）。

A. 检查故障是否排除　　　　　B. 检查制件质量是否合格

C. 检查设计的合理性　　　　　D. 检查工艺参数是否合理

2. 注射模的工作性能检查应该如何进行？

3. 造成注射成形制品飞边较大的原因有哪些？应该如何解决？

4. 参照表 4-3-4 内容，分析放大镜脱模困难的原因，并提出修复方法。

表 4-3-4　　注射成形制品脱模困难的主要原因分析及调整修复办法

缺陷类型	产生原因	调整修复方法
脱模困难	1. 型腔表面粗糙不光滑 2. 型腔脱模斜度小 3. 模具镶块处缝隙太小 4. 模芯无进气孔 5. 模具温度太高或太低 6. 成形时间不合适 7. 顶杆太短不起作用 8. 拉料杆失灵 9. 型腔变形大，表面有伤痕，难脱出制作 10. 活动型芯脱模不及时 11. 塑料发脆，收缩大 12. 塑料工艺性差，不易从模中脱出	1. 抛光型腔 2. 修整型腔，加大脱模斜度 3. 重修模具，使之密合 4. 增设进气孔 5. 改善模具温度 6. 控制成形时间 7. 加长顶出杆长度 8. 修整拉料杆 9. 修整型腔并抛光 10. 修整活动型芯，及时脱模 11. 更换塑料 12. 更新塑件设计，使之符合工艺性

5. 塑料制品产生凹痕、塌坑的原因是什么？应该如何调整？

6. 简述注射模的维修步骤。

六、评价与分析

填写学习活动过程自评表（见表 4-3-5）。

表 4-3-5　　　　　　　　　　学习活动过程自评表

班级＿＿＿＿　学生姓名＿＿＿＿　组别＿＿＿＿　时间＿＿＿＿年＿＿月＿＿日

评价指标	评价要素	分值	实际得分
信息检索	1. 能有效利用教学资源或实训手册查询注射生产与质量控制等信息，并能把查询的信息有效转换到学习活动中 2. 能通过咨询、小组讨论等方式，分析塑料制品缺陷产生的原因 3. 查询塑料制品质量评价因素	20	
感知工作	1. 能识别注射成形制品缺陷形式 2. 能根据注射成形制品的缺陷，陈述其维修办法	20	
参与状态	1. 主动参与学习活动，与同学交流关键知识点，展示关键技能点 2. 在教师的指导下，进入实训室对注射模进行调整	10	
学习方法	1. 通过线上线下结合的方式，自主学习注射成形制品常见缺陷的解决方法，记录其关键知识点与技能点 2. 与他人有效合作探究，积极参与小组讨论交流 3. 在教师的指导下，能独立细致地完成学习任务，具有一定的创新性	15	
学习过程	1. 根据注射成形制品缺陷，分析其产生原因，提出改进措施 2. 掌握注射模试模、调整及维修等流程中的要点，提出合理化的建议 3. 记录并反映上课的出勤情况和完成工作任务情况	25	
自评反馈	1. 按时按质地完成学习任务，较好地掌握专业知识点 2. 积极参与学习过程中的每个环节，具有较强的信息分析能力和理解能力	10	
合计		100	
评定等级			
自我总结			
努力方向			

注：等级评定 A ≥ 85（好）、85>B ≥ 70（较好）、70>C ≥ 60（一般）、D<60（有待提高）

学习活动四　注射模维护保养的内容与注意事项

学习目标

1. 明确注射模的维护保养主要内容。
2. 能对注射模进行一级、二级、三级保养，并完成相关保养表格填写。

一、注射模的日常保养

注射模日常保养主要包括以下内容。

（1）定期除锈，包括外观、分型面、模腔、型芯等。

（2）定期添加润滑剂，如导向机构、顶出机构、行位（见图4-4-1）或侧抽芯机构等。

（3）根据生产产品的数量等情况，定期更换易磨损件（拉杆、螺栓等）、冷却水道（接头、密封等）及其他需要注意的地方，具体检查事项及周期参照表4-4-1的内容。

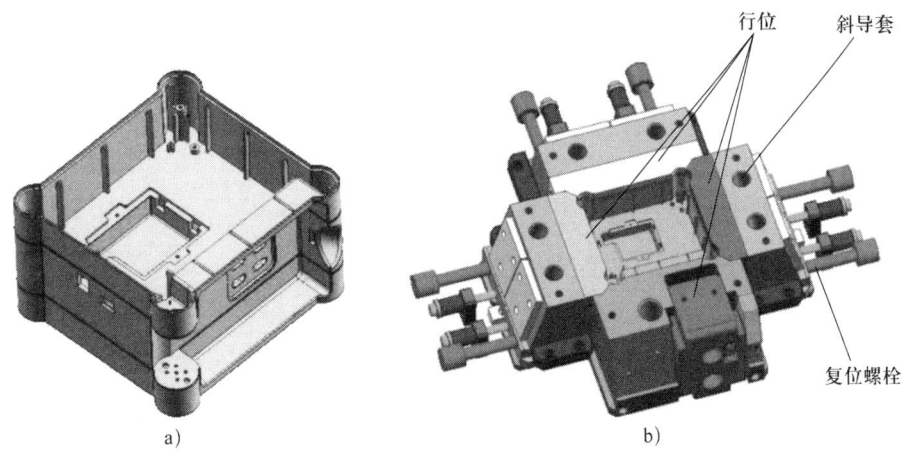

图4-4-1　行位中带斜顶结构
a）制件　b）注射模结构

表4-4-1　　　　　　　　注射模常见的维护与保养项目及周期

检查项目	每天	半个月	1个月	3个月	6个月至1年
喷嘴、浇口套是否松动					●
液压油温是否正常、油管是否畅通	●				

续表

检查项目	每天	半个月	1个月	3个月	6个月至1年
模具型面是否漏水	●				
冷却循环系统是否通畅	●				
紧固螺钉是否松动			●		
顶杆是否弯曲、卡死、磨损		●			
配合滑动面、导柱导套加油		●			
机械安全锁工作是否正常	●				
脱模动作是否正常	●				
润滑系统是否漏油			●		
油压、油温、油质是否正常					●
模具表面质量				●	
制件质量	●				
模具拆卸检查					●

二、注射模一级、二级、三级保养

注射模一级保养由生产操作人员进行，保养的主要内容为清擦、润滑和检查。注射模二级保养工作是根据模具的技术状态和复杂程度而制定的定期系统保养，此项工作由模修人员完成，并根据保养情况做好记录，一般每半年保养一次。注射模三级保养主要是对模具各大系统进行全面检查，对损坏零部件根据需要进行修复或更换，并试模合格，一般每年保养一次或根据累计生产件数调整。各级保养主要内容见表4-4-2。

表 4-4-2　　　　　　　　注射模具一级、二级、三级保养内容

分类	保养内容
一级保养	清洁注射模，将动模面、定模面、推杆压板上的脏物、异物清理干净
	检查模具螺钉及安装系统
	推杆加专用润滑油，滑块、导柱导套加润滑油

续表

分类	保养内容
二级保养	清洁注射模，将动模面、定模面、推杆压板上的脏物、异物清理干净
	检查模具螺钉及安装系统
	推杆加专用润滑油，滑块、导柱导套加润滑油
	检查冷却循环系统是否堵塞、泄漏等，如果存在问题，及时疏通或更换密封圈
	拆卸推杆、滑块、顶针、抽芯机构，检查有无拉烧伤、断裂现象。如果有，及时落模修理或更换
	清理排气槽、孔，有困气、烧黑的部位增加排气孔
	检查镶块、导柱、导套、定位销配合间隙，出现分型面不合理、毛刺、损伤比较严重的且难以通过调整改善质量的情况要进行更换
	检查模具内外腔表面是否有损伤、锈蚀，如果有，重新进行抛光
三级保养	以维修工为主，列入模具检修计划。对模具进行部分解体检查和修理，更换或修复磨损的导向装置、定位装置、顶出机构、冷却系统等零部件，检查全部紧固件，清洗、换油，检查修理控制信号系统，更换老化零部件，局部恢复精度，满足生产的最低要求

三、注射模保养的注意事项

1. 注射模入库前保养的注意事项

（1）注射模卸模前必须点检。

（2）合模前必须清除模具上的料屑、料丝及油污。

（3）应正确清洗并吹干型腔表面。

（4）注射模卸模后，必须用压缩空气将模具内部的冷却水通道吹干，要防止冷却水吹溅到模具内部。

2. 注射模入库后保养的注意事项

（1）模具存放区不得阳光直射或被雨水淋湿。

（2）应按照模具种类和使用的设备进行分类保管。

（3）模具存放时间预计超过 1 个月时，必须用塑料薄膜覆盖，以防被灰尘污染。

（4）注射模不能直接与地面接触。

（5）严禁模具上方放置重物或叠放模具。

（6）应建立保管档案，由专人负责保管。

四、引导问题与练习

1. 选择题

（1）检查液压油温是否正常、油管是否畅通的周期为（　　），检查紧固螺钉是否松动的周期为（　　）。

A. 每天　　　　　　　　　　B. 每周

C. 每月　　　　　　　　　　D. 每年

（2）检查机械安全锁工作是否正常的周期为（　　）。

A. 每天　　　　　　　　　　B. 每周

C. 每月　　　　　　　　　　D. 每年

（3）较长时间不用模具的水路系统保养措施是（　　）。

A. 通入压缩空气　　　　　　B. 加防锈液

C. 压缩空气吹干后加入防锈液

2. 判断题

（　　）（1）模具存放时间预计超过1个月时，必须用塑料薄膜覆盖，以防被灰尘污染。

（　　）（2）每月检查一次液压油温是否正常、油管是否畅通。

（　　）（3）每天检查机械安全锁工作是否正常。

3. 注射模日常保养主要有哪些内容？

4. 注射模入库后保养的注意事项是什么？

5. 结合注射成形模具保养要求，对本组的模具进行保养，并填写注射模保养记录表。

注射模保养记录表

产品名称			模具名称		材料名称及牌号		
保养类别	□定期保养 □日常保养		保养人员		保养时间		
保养项目	检查项目	有	无	检查项目		有	无
	检查模面是否生锈、压痕等			检查模腔是否塌陷			
	检查导柱、导套等机构有无润滑，复位是否正常			检查抽芯机构运动是否正常			
	检查上下模腔是否有裂纹			检查紧固螺钉有无松动			
	检查模具尺寸是否在允许范围内			检查模具闭合高度是否符合要求			
	检查模具垫板是否有裂纹			检查冷却循环是否畅通			
	检查浇注系统是否堵塞			检查注射嘴与模具安装后的主浇套中心线是否重合			
	检查顶杆、卸料装置是否卡死			检查排气系统是否畅通			
	检查模具有无配件缺失			其他			
保养异常记录及对策	□正常　□异常						

简要情况说明：

编制人：	审核人：
年　月　日	年　月　日

五、评价与分析

填写学习活动过程自评表（见表4-4-3）。

表4-4-3　　　　　　　　　　　学习活动过程自评表

班级_____　学生姓名_____　组别_____　时间_____年____月____日

评价指标	评价要素	分值	实际得分
信息检索	1. 能有效利用教学资源或实训手册查询注射模维护保养等信息，并能把查询的信息有效转换到学习活动中 2. 能通过咨询、小组讨论等方式了解注射模维护、保养与使用寿命之间的关系	20	
感知工作	能对照注射模维护保养项目进行检查，找出存在问题	20	
参与状态	1. 主动参与学习活动，与同学交流关键知识点，展示关键技能点 2. 在教师的指导下，检测注射常用重要配合部位的润滑保养等内容 3. 能够按要求完成注射模维护与保养流程，进行多向、适宜的信息交流	10	
学习方法	1. 通过线上或线下结合的方法，自主学习注射模维护保养要点，记录其关键知识点与技能点 2. 与他人有效合作探究，积极参与小组讨论交流 3. 在教师的指导下，能独立细致地完成学习任务，具有一定的创新性	15	
学习过程	1. 简述注射模维护保养注意事项 2. 规范填写注射模日常保养记录表，记录相关数据，提出合理化建议 3. 正确维护与保养注射模 4. 记录并反映上课的出勤情况和完成工作任务情况	25	
自评反馈	1. 按时按质地完成学习任务，较好地掌握专业知识点 2. 积极参与学习过程中的每个环节，具有较强的信息分析能力和理解能力	10	
合计		100	
评定等级			
自我总结			
努力方向			

注：等级评定A≥85（好）、85>B≥70（较好）、70>C≥60（一般）、D<60（有待提高）

学习活动五　成果展示与评价

学习目标

1. 能够正确规范撰写学习任务总结。
2. 能够采用多种形式展示学习成果。
3. 能够进行学习反馈与经验交流，完成考核评价。

一、自我评价

学生结合自身学习任务完成情况，撰写学习情况总结，并完成学习任务综合评价表（见表 4-5-1）自我评价内容，归纳分析学习活动中获得的知识与经验，查找存在的不足，提出遇到的困难与问题。

二、小组展示与互评

根据完成任务情况，以小组为单位推荐代表进行任务展示，其他小组对展示小组进行评价，并完成学习任务综合评价表（见表 4-5-1）小组评价内容。

三、教师评价

教师根据学生自评、小组展示与互评，对小组任务完成情况进行点评，帮助学生全面系统回顾任务实施过程，对创新方法、学习态度等方面出现的亮点鼓励予以鼓励，对存在不足及问题提出改进措施，并完成学习任务综合评价表（见表 4-5-1）教师评价内容。

表 4-5-1　　　　　　　　　　学习任务综合评价表

班级_____ 学生姓名_____ 组别_____ 时间_____年____月____日

项目（每项 20 分）	自我评价	小组评价	教师评价
活动完成情况			
团结协作精神			
工作纪律态度			
专业表达能力			
学习总体表现			
小计			

续表

项目 （每项 20 分）	自我评价	小组评价	教师评价
评价等级			
自我总结			学生签字： 年　月　日
小组评语			组长签字： 年　月　日
教师简评			指导教师： 年　月　日

注：等级评定 A ≥ 85（好）、85>B ≥ 70（较好）、70>C ≥ 60（一般）、D<60（有待提高）

参考文献

[1] 周晓峰.模具钳工技术手册[M].北京：中国劳动社会保障出版社，2015.

[2] 模具设计与制造技术教育丛书编委会.模具钳工工艺[M].北京：机械工业出版社，2004.

[3] 周松兵.冲压工艺及模具结构[M].北京：机械工业出版社，2009.

[4] 欧阳永红.模具装配、调试与维修[M].北京：中国劳动社会保障出版社，2007.

[5] 孙海峰.模具维护与保养：技工院校一体化课程教学改革模具制造专业教材[M].北京：中国劳动社会保障出版社，2014.

[6] 董峨.压铸模锻模及其他模具[M].北京：机械工业出版社，2005.

[7] 梁锦雄.注塑技术培训教程[M].北京：机械工业出版社，2009.

[8] 林涛.机械制造技术[M].成都：电子科技大学出版社，2009.

[9] 林涛，赵强，龚银榜，王建平.轴类镶块式通用模具的设计与改进[J].模具工业，2013，39（3）.

[10] 甄瑞麟.模具制造技术[M].北京：机械工业出版社，2005.

[11] 郭国林.常见锻模失效形式与修复方法[J/OL].模具工业，2009，35（11）.https://www.doc88.com/p-10387542650.html.

[12] 放大镜注塑模具设计[DB/OL].（2015-03-15）.https://www.doc88.com/p-0781465553130.html?r=1.